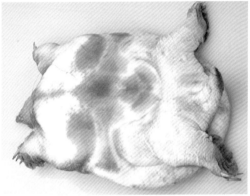

1 绿稻（籼型常规水稻）

2 绿香粳水稻

3 中华鳖背腹面外观图

4 泰国鳖背面外观图

5 台湾鳖背腹面外观图

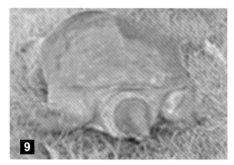

6　沙鳖背面外观图
7　日本鳖背面外观图
8　太湖鳖背面外观图
9　湖南湘鳖背面外观图
10　黄河鳖背面外观图
11　黄沙鳖背面外观图

扬两优 6 号

绿稻 24 号

大垄双行

养殖沟

15

丰两优 8 号

丰两优 8 号

16

1. 整地

2. 播种

3. 移苗

4. 插秧

17

15 稻鳖综合种养稻田选择

16 几种适宜的水稻品种

17 传统育秧流程

1. 晒种   2. 播种

3. 催芽   4. 苗基管理

5. 塑基育秧   6. 大田种植

1. 整地   2. 播种

3. 浇水   4. 盖土

18 工厂化育秧流程
19 旱床育苗

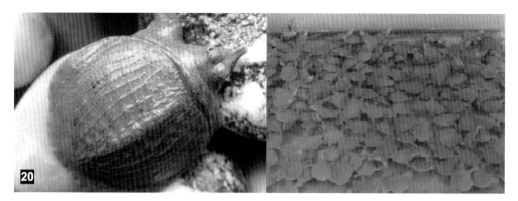

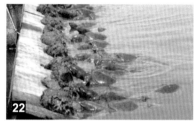

20 幼鳖

21 无农药、无化肥,
装置灯光诱虫

22 鳖的摄食

23 稻瘟病

24 纹枯病

25 胡麻叶斑病

26　小球菌核病
27　恶苗病
28　稻曲病
29　叶鞘腐败病

30　水稻白叶枯病

31　细菌性条斑病

32　细菌性基腐病

33　条纹叶枯病

三化螟卵块

34 黑条矮缩病
35 三化螟
36 纵卷叶螟
37 稻飞虱

38 稻苞虫
39 鳖红脖子病
40 鳖鳃腺炎症（示组织坏死）
41 鳖出血性败血症
42 鳖腹甲生疖疮、鳖背甲生疖疮

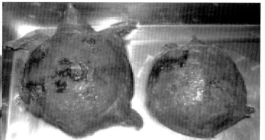

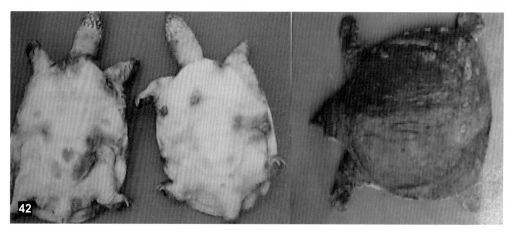

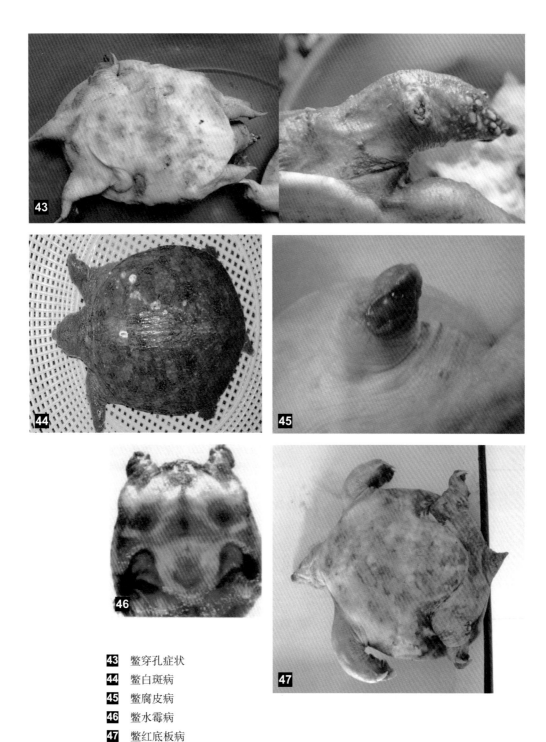

43　鳖穿孔症状

44　鳖白斑病

45　鳖腐皮病

46　鳖水霉病

47　鳖红底板病

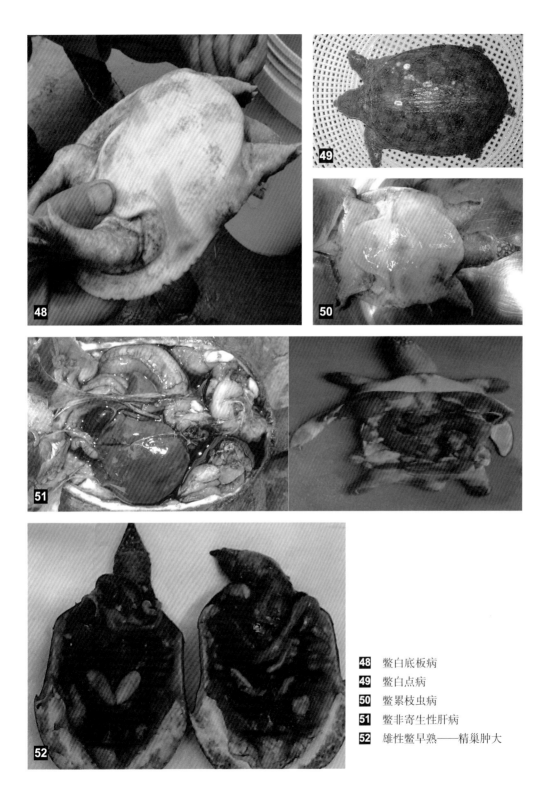

48　鳖白底板病
49　鳖白点病
50　鳖累枝虫病
51　鳖非寄生性肝病
52　雄性鳖早熟——精巢肿大

稻鳖绿色种养技术

蒋业林　主编

海洋出版社

2019年·北京

图书在版编目(CIP)数据

稻鳖绿色种养技术 / 蒋业林主编. — 北京:海洋
出版社, 2019.7
　ISBN 978-7-5210-0387-1

　Ⅰ. ①稻… Ⅱ. ①蒋… Ⅲ. ①稻田－鳖－淡水养殖
Ⅳ. ①S966.5

　中国版本图书馆CIP数据核字(2019)第141957号

责任编辑:杨　　明
责任印制:赵麟苏

海洋出版社 出版发行
http://www.oceanpress.com.cn
北京市海淀区大慧寺路 8 号　　邮编:100081
北京朝阳印刷厂有限责任公司印刷　　新华书店北京发行所经销
2019年7月第1版　　2019年7月第1次印刷
开本:787mm×1092mm　　1 / 16　　印张:14.25　　彩插:12
字数:239千字　　定价:60.00元

发行部:010-62132549　　邮购部:010-68038093　　总编室:010-62114335
海洋版图书印、装错误可随时退换

序　言

　　稻田养鳖是我国近年大力倡导的绿色种养模式。稻鳖综合种养是在稻田中开展产业化生产的水产养殖方式。稻鳖共生，以"鳖促稻，温良增效"为指导原则，是一种具有稳粮、促鳖、增收、提质、环境友好、可持续发展等多种生态系统功能的稻、鳖结合的种养模式。鳖稻共生与轮作这一现代先进的农业生产模式，既提高了经济效益，又确保了粮食种植面积的稳定，起到了稳粮增收的作用，有效地促进了社会稳定与安全。

　　稻田养鳖，鳖吃稻田害虫和杂草，粪便成为有机肥，水稻少施农药反而增产；鳖在仿野生环境下生长，品相好卖价高。稻田养鳖，稻鳖共生，米是生态米，鳖是生态鳖。鳖食物丰富，营养全面，活动量大，生长速度快，体态匀称，背甲有光泽，裙边宽，肌肉结实，很少生病，品质接近野生鳖；同时水稻无需施肥、喷药，生产出了无公害大米，大大提高了土地利用率，而且形成了良性循环，做到了生态养殖和种植，从而大大降低生产成本，提高整体经济效益，实现了高产、优质、高效。 稻鳖共生，这种稻田综合种养技术是对稻田资源的绿色和无公害的综合利用，改良了种养殖田间生态环境，减轻了面源污染，提升了水稻和鳖产品品质，增加了单位面积经济效益和农民收入。

　　当前，我国正在扎实推动经济高质量发展。加快转变农业资源利用方式、实施稻田综合种养，对于调整我国农业产业结构、保障粮食生产安全具有十分重要的意义。推进稻田综合种养不仅是提高农业产业效益、增强农民种粮积极性的有效途径，更是构建农业发展新优势、促进农民持续增收的重要举措。该专著的适时出版，对于推广稻田种稻和养鳖有机结合、发挥水稻和水产养殖品种共生互利作用、获得水稻和水产品双丰收的生态养殖，必将起着积极的促进作用。

　　该专著以理论为基础，和生产实践紧密结合，注重技术方法的介绍和模式分析，是一部有实际应用价值的参考书，适合于从事农田生产和水产养殖的实际工作者和管理人员学习与参考，亦可供有关农业与水产学科专业的科技工作者和教师与学生的学习、参考。

中国工程院院士　林浩然

前　言

我国稻鳖养殖已经有几十年的历史了，1999 年起就开始了连续的鳖稻轮作试验，从 2010 年起又进行鳖稻共生试验，通过 50 多种不同模式的试验和对照试验，摸索出了多种成功的鳖稻轮作与共生模式，积累了较为成熟的经验，得到了农业部渔业局、全国水产技术推广总站等上级部门和领导的充分肯定。

随着生活水平的提高，人们对食品的需求已从数量的保障转为质量的提高，因此，种养殖业对生态环境系统的要求也越来越高。进入 21 世纪以来，发生的食物中毒事件中有不少是由于农药、化肥原因而引起的，生态环境安全越来越得到了人们的重视。

稻田养鳖是一种种养结合、稻鳖共生、稻鳖互补的生态农业种养模式，实现了在同一稻田内既种稻又养鳖，一田多用、一水多用、一年多收的最佳效果。具有增粮、增肥、增鳖、增收和节地、节肥、节工、节资的优点，符合资源节约、环境友好、循环高效的农业发展要求。"稻鳖共生"模式生产的大米，更加绿色、安全，水稻生长过程中产生的微生物及害虫为鳖的发育提供了充足的饵料，而鳖的排泄物又为水稻生长提供了良好的生物肥。在这种优势互补的生物链中，生产的稻米是一种接近天然的生态稻，生产的鳖是接近野生的鳖，水稻和鳖的品质都得到了保障。

稻田养鳖有效地节约了水土资源，提高了资源利用率，合理地改善了水稻的生长发育条件，促进了稻谷的生长，实现了稻鳖双丰收的目标，具有投资少、收益大、见效快、增粮、节地、节水等优点，是促进农村经济发展，农民增收致富的有效途径。近年来，稻田养殖已经成为农业增效、农民增收的重要途径。

稻鳖共作能充分利用稻田资源，将水稻种植、鳖的养殖有机结合，通过资源循环利用，少打农药，达到鳖、水稻同步增长、产品品质同步提升，实现一举多得、高产高效的目标，提高农民的种粮热情，一举破解了农民种粮难，奏响了现代农业社会效益、经济效益、生态效益"三赢"新乐章。

由于编者水平有限，书中难免有不足之处，请广大读者提出宝贵的意见和建议，以便再版时修订。

编者按

2019 年 6 月

目　录

第一章　概述

第二章　资源条件

第三章　稻鳖综合种养技术

第四章　模式分析与典型案例

第一章 概　述

　　水稻是我国主要粮食作物，目前，全国种植面积约 4.5 亿亩[①]，年产量近 2 亿吨，约占粮食总产量的 35%，是我国第一大主粮，全国约有 65% 的人口以稻米为主食。然而，进入新世纪后，随着经济社会快速发展和城市化工业化迅速推进，我国农业和农村形势正发生深刻变化，在现有国家粮食价格政策保障下，单一种植水稻效益比较低，严重影响了农民种稻的积极性，部分地区中低产稻撂荒现象较为严重，稻田流转中"非农化""非粮食化"问题比较突出。另外，由于生产方式粗放，化肥、农药使用一直处于较高水平，造成的农业面源污染问题日趋严重。为此，近年来，农业部支持部分适宜地区，在传统稻田养殖的基础上，积极探索"以渔促稻、稳粮增效、质量安全、生态环保"的稻渔综合种养新模式，取得了水稻稳产、经济效益明显提高、生态效益显著的可喜成果。目前，稻渔综合种养新模式得到了各方广泛认可，在全国迅速推广。稻渔综合种养主要是将水稻和经济价值较高的特种水产品结合起来进行种养，如稻鳖型、稻蟹型、稻虾型、稻鳝型及稻鳅型等。本章主要对稻鳖综合种养的发展背景、意义、内涵特征、发展历程与现状进行深入分析，并提出了推进稻鳖综合种养产业化发展的技术方法、措施和相关政策等建议。

第一节　稻鳖综合种养的发展背景

　　中华鳖，又名水鱼、甲鱼、团鱼，是常见的养殖鳖种，其肉味鲜美，营养丰富，蛋白质含量高，具有一定的食用、药用价值，市场需求和销售量比较大。我国鳖的商业养殖始于 20 世纪 70—80 年代中期，基本上是小规模、常温池塘养殖，80 年代后期，养鳖产业由常温粗放型向集约化快速养殖的方向发展。进入90 年代，暴利的养鳖产业吸引大量社会资金，养殖产量居世界之首，形成了大

[①] 亩为非法定计量单位，1 亩 ≈ 666.67 平方米。

规模、有影响的特种水产养殖产业。1996—2016 年，鳖的养殖经历了六次波折，在市场比拼中，优胜劣汰，一些养殖规模较大，资金与技术含量较强企业适应市场变化，在竞争中留存下来，有一半以上的小型较弱的甲鱼养殖场，则倒闭或转产。因此，温室鳖的养殖已经是本大利小，稍有不慎就会出现亏损。为了解决困境，人们不断寻找新的途径，例如生态养鳖、健康养鳖、仿野生养鳖、稻田养鳖、藕田养鳖、茭白田养鳖及鳖菜共生、品牌鳖战略，以改善鳖的品质，增加市场附加值。这种方法确实能增加鳖的市场价格，有效地降低市场风险。

近年来，不少养殖户仍采用常温粗放养殖模式，许多老养殖企业的温室结构、设施装配、水质的管理、饲料加工和投饵技术等仍比较落后，破坏了养殖生态环境，鳖病发生率高，养殖成本高，商品品质差，养殖技术水平很低，难以适应激烈的市场竞争。

2007 年起，党的十七大以后，随着我国农村土地流转政策不断明确，农业产业化步伐加快，稻田规模经营成为可能，稻田综合种养的稳粮增效功能再次得到了各地的重视。近年来，农业部支持部分适宜地区在传统稻田养殖基础上，积极探索"以渔促渔、稳粮增效、质量安全、生态环保"的稻渔综合种养新模式，取得了水稻稳产、经济效益明显提高、生态效益显著的成果。稻渔综合种养新模式在全国迅速推广。

在总结稻田养殖经验的基础上，探索了稻 – 鱼、稻 – 蟹、稻 – 虾、稻 – 鳖、稻 – 鳅等新模式，涌现出一大批以水稻为中心、特种水产经济动物为带动，以标准化生产、规模化开发、产业化经营为特征的千亩甚至万亩连片的稻田综合种养典型，发展了稻蟹共作、稻鳖共作 + 轮作、稻虾连作 + 共作、稻鳅共作及稻鱼共作五大主导模式（图 1-1），九大配套关键技术（图 1-2）。

稻鳖综合种养是在推广稻鱼综合种养的大背景下开展的，其发展方向是具有规模化、设施化、生态化、品牌化特色的现代综合生态农业。从稻鳖连片种养区水环境调控、中华鳖养成、中华鳖饵料生物补充、中华鳖疾病预警防控、稻鳖连片种养区防鸟防盗防逃等 5 方面内容对传统稻田养殖进行了技术创新，开展稻田套养中华鳖模式探索，通过循环能量流及生物链构建，集成了一套具有地方特色的稻鳖共作（轮作）新技术，实现了种养过程不施化肥、农药、除草剂，生产的稻鳖均达到无公害食品要求。

5类24个典型模式

全国发展面积约2 800万亩

- 稻蟹共作（辽宁、吉林、安徽、宁夏等）
- 稻鳖共作+轮作（浙江、安徽、湖北、福建等）
- 稻虾连作+共作（湖北、浙江、安徽、江苏、湖南、江西等）
- 稻鳅共作（黑龙江、湖南、浙江、安徽等）
- 稻鱼共作（四川、福建、江西等）

稻田养殖模式
- 🐟 稻鱼模式
- 稻鳖模式
- 稻蟹模式
- 稻虾模式
- 稻鳅模式

水稻种植面积
- ＞3 000 Kha
- 2 000～3 000 Kha
- 1 000～2 000 Kha
- 500～1 000 Kha
- 100～500 Kha
- 100～100 Kha
- 0.35～10 Kha
- 0 Kha

五大主导模式，九大关键配套技术

图1-1 稻渔综合种养模式

配套关键技术

9大配套关键技术

1. 配套水稻栽培新技术
2. 配套水产品养殖关键技术
3. 配套种养茬口衔接关键技术
4. 配套施肥关键技术
5. 配套病虫草害防控关键技术
6. 配套水质调控关键技术
7. 配套田间工程关键技术
8. 配套捕捞加工关键技术
9. 配套质量控制关键技术

图1-2 稻渔综合种养配套关键技术

在农业部和各地政府部门的大力推动下，稻鳖综合种养模式和技术不断完善，截至目前，在湖北、浙江、安徽、江苏、湖南、重庆、福建等多个省份，组织、集成、示范和推广了"稻鳖共作＋轮作"养殖模式。从示范效果上看，示范区水稻产量稳定在 500kg 以上，稻田增效 50% 以上，养殖过程中不使用农药和化肥，改善了稻田种养环境，促进了有机稻、有机鳖的生产，提高了产品的质量，促进了品牌化经营，提升了产品的品质。

第二节 稻鳖综合种养的内涵与趋势特征

稻鳖综合种养是根据生态循环农业和生态经济学原理，将水稻种植与中华鳖养殖技术、农机与农艺进行有机结合，通过对稻田实施工程化改造，构建稻－鳖共生互促系统，并通过规模化开发、集约化经营、标准化生产、品牌化运作，能在水稻稳产前提下，大幅度提高稻田经济效益和农民收入，提升稻田产品质量安全水平，改善稻田的生态环境，是一种具有稳粮、促渔、增效、提质、生态等多方面功能的现代生态循环农业发展新模式。

稻鳖综合种养是一种新型稻渔综合种养模式（表 1–1）。与传统稻田养殖相比，稻鳖综合种养一是突出了以粮为主。以发展水稻为主，养殖的田间工程不破坏耕作层，工程面积不超过稻田面积的 10%，水稻种植穴数不减等技术措施，积极发展有机稻，大幅度提升水稻收益，使水稻效益和水产效益达到平衡，从机制上确保农民种植水稻的积极性。二是突出生态优化。生态环保是绿色有机品牌建设的前提保障，通过种养结合、生态循环，大幅度减少了农药和化肥使用，有效改善了稻田生态环境。通过与生态农业、休闲渔业的有机结合，促进有机生态产业的发展。三是突出了产业化发展。通过稻田养殖中华鳖，带动稻田产业升级，促进了规模化经营，采用了"科、种、养、加、销"一体化经营模式，突出了规模化、标准化、产业化的现代农业发展方向。

表 1-1 传统稻田养殖与新型稻渔综合种养区别

项 目	传统稻田养殖	稻渔综合种养
发展模式	粗放小农模式	产业化发展模式
发展目标	增产、增收	增收、提质、生态、可持续
发展条件	稻田流转难	稻田流转政策明确，步伐加快
应用主体	普通农户	种养大户、合作组织、龙头企业
技术内容	水稻品种	综合种养筛选品种
养殖对象	鱼类（鲤、草鱼）	特种水产品（鳖、虾、蟹等）
水稻栽插	常规种植	宽窄行、沟边加密、不减穴
水产养殖	常规养殖	健康养殖
田间工程	鱼沟鱼溜面积无限制	鱼沟鱼溜面积 10% 以下，配套防逃防害设施
茬口衔接	简单	融合种养、农机和农艺要求
病害防治	以农药为主	生态避虫、一般不用农药
产品收获	常规	机收、生态捕捞
主要性能	水稻单产无规定	不低于 400 ~ 500kg
产品质量	常规	无公害绿色食品或有机食品
农药使用	与水稻常规种植相同	减少 50% 以上
化肥使用	与水稻常规种植相同	减少 60% 以上
单位面积效益	低	增收 100% 以上
经营方式	生产规模小	集中连片、规模化开发
作业方式	人工为主	机耕机收、工程育秧
服务保障	较少	社会化服务体系为保障
经营体制	农户自营	一体化、品牌化经营

第三节　稻鳖综合种养的发展意义

农业部从 2012 年开始推广新一轮稻田综合种养技术，将水稻种植与水产养殖有机结合在一起，使稻田的生态系统从结构上和功能上得到合理改造，实现稻渔（鳖、虾、蟹、鳝、鳅等）共生互利，种植、养殖相互促进，取得最佳的生态经济效益，从而使农民丰产增收。因此，稻田综合种养受到了广大生产者的欢迎，引起了各级领导的高度重视。

我国是农业大国，耕地面积十分有限，提高单位面积的生产效率、增加农民收入是发展现代农业、建设美丽乡村的时代主题。发展稻田综合种养可以充分利用有限的稻田资源，将水稻、水产两个农业产业有机结合，通过资源循环利用，减少农药和化肥使用量，达到水稻、水产品品质同步提高，同步增产，渔民、农民收入持续增加的目的，从而实现"1 + 1 = 5"的良好效益，即"水稻 + 水产 = 粮食安全 + 食品安全 + 生态安全 + 农业增效 + 农民增收"。

稻鳖共生是稻田养殖的最高境界。利用稻田底栖动物、水生昆虫、灯光诱虫、腐殖质、有机碎屑和植物嫩芽等天然饵料养鳖，而鳖和混养水生动物排泄物的粪便又可作为水稻的有机肥料，同时鳖为稻田除草、灭虫等，维护稻田生态，达到鳖和水稻共同生长的生态种养目的。其生产出的鳖和稻等产品都可达到绿色或有机食品的标准。

近些年来，养鱼效益是种粮效益的 5.27 倍，特别是稻田养殖，在同一生态条件下进行的生产，不需要增加更多的投入就可获得多样化的、单位成本更加经济的产出。我国有水稻田 2 446 万 hm²，其中在目前条件下可养鱼面积约 1 000 万 hm²，但目前全国已养殖稻田面积为 200 万 hm²，仅占 1/10，其进一步开发的潜力很大。

稻鳖综合种养可实现良好的经济、社会和生态效益的统一，符合农村经济结构优化的趋势。从改善稻田生产条件考虑，稻田养鳖能有效提高稻田的综合生产力；从增加农民收入角度出发，稻田养鳖能有效地促进农业生产结构的调整，实现增产增收；从我国人多地少的实际情况出发，稻田养鳖能带动综合经营，有效提高单位面积产量。因此，稻鳖综合种养既能有效提高农田的经济效益，缓解我国人多地少的矛盾，实现农民增收的目的，又不破坏农田的基本结构，不影响农田的基本生产能力，具有广阔的发展前景。实践证明，发展稻鳖综合种养是一举多得、利国利民的好事，是建设高效农业新模式、促进种植业与养殖业持续发展的新的增长点，具有十分重要的意义。

第四节　稻鳖综合种养的发展历程及现状

一、发展历程

稻鳖综合种养是在我国传统稻田养鱼基础上，逐渐发展起来的一种现代化农业产业新模式。然而，我国真正开展人工鳖养殖只有 20 多年的历史。我国鳖的商业养殖始于 20 世纪 70—80 年代中期，但大都是小规模的池塘常温养殖。进入 90 年代后，由于国内市场对鳖的需求量急增，以至于鳖价暴涨，因此安徽、湖南、浙江、湖北、江苏等长江流域各省开展了大规模鳖的人工养殖，并且创新和改进了传统的养殖方式和方法，将原来的池塘粗放型养殖方式转为人工控温的集约化养殖方式，通过对养鳖池加温供热，将鳖的养殖周期大大缩短。改进了鳖的饲料，由原来主要靠天然饲料喂养转向以人工配合饲料投喂为主，增加了鳖的营养，促进了鳖的快速生长。经过 40 多年的发展，以中华鳖为代表的鳖类养殖已成为我国水产业的重要组成部分。

国外养鳖以日本最为先进，最早是在 19 世纪末，将鳖与鲤鱼等在池塘中混养。20 世纪 30 年代，日本开始对鳖进行人工孵化。到了 70 年代时，日本采用锅炉加温、温泉和工厂余热水等热源加温的方法进行养鳖，将鳖的养殖周期由 3～4 年缩短到 14 个月左右。由于养殖方法上的革新，日本养鳖业越来越兴旺发达，鳖的产量不断提高。

1996 年以后，随着养鳖产量的提高，商品鳖价格反复下跌，极大地影响了鳖的产业发展，到 2004 年，商品鳖的价格下降到历史最低，每 500 g 仅 10 元左右，但鳖产量却达到了 12 万 t 的水平，因此供求再一次失去动态平衡，导致供大于求。2010 年，养殖鳖有所回暖，产量稳定在年产 26 万 t，2011 年据不完全统计，年产量近 28 万 t，2012 年年产量 31.5 万 t，养殖成本平均在每千克 30 元以下，市场价格更贴近大众水平，养殖者、消费者皆大欢喜。

因此，温室鳖的养殖已经是本大利小，稍有不慎就会出现亏损。为了解决养鳖业的困境，人们不断寻找新的途径，例如稻鳖生态种养、仿野生养甲鱼、品牌鳖战略等，以改善鳖的品质，增加鳖的市场附加值。尤其是稻鳖综合种养，在保证水稻稳产的前提下，大幅度提高了稻田综合效益，减少了农药和化肥的使用量，促进了有机稻、有机鳖的生产，提升了水稻及中华鳖品质。同时，减少了病虫害的发生和农业面源污染，改善农村生态环境，提高了稻田可持续利用水平，实现了"一水两用、一田多收、生态循环、高效节能"的农业可持续发展新模式。

我国开展规模化稻田养鳖的时间很短，2007 年，农业部将"稻田生态养殖技术"列入 2008—2010 年渔业科技入户的主推技术，2011 年，农业部渔业局将发展稻渔综合种养列入了《全国渔业发展第十二个五年规划（2011—2015）》。作为渔业拓展领域，稻渔综合种养养殖范围及内涵得到了扩展，在种养模式上，稻田养殖由最传统的稻渔型发展为稻鳖型、稻蟹型、稻虾型等，即稻田与经济价值较高的特种水产种类相结合，由种养常规品种向种养名特优新品种发展。这一阶段，稻鳖综合种养得到了进一步发展，"稻鳖共作＋轮作"种养模式和技术不断成熟。通过建立稻鳖共生生态循环系统，提高了稻田中能量和物质循环再利用的效率，建立专业化稻鳖综合种养、产业化运作、品牌化销售的运行机制，提升稻田产品的价值。

二、发展现状

近年来，农业部高度重视稻渔综合种养的发展，2016 年，农业部出台《关于加快推进渔业转方式调结构的指导意见》（农渔发〔2016〕1 号），要求调整优化淡水养殖结构，大力发展稻田综合种养。安徽省农业委员会印发了《安徽省稻渔综合种养双千工程实施意见》，提出"到 2020 年，全省发展稻渔综合种养面积 100 万亩以上，实现亩收千斤粮、亩增千元钱，年增收 10 亿元以上"的目标。强调组建稻渔综合种养产业技术联盟，熟化、集成稻虾、稻鳖、稻鳅、稻鱼、稻蟹等共（轮）作技术规范，提升稻渔综合种养科技水平。结合稻渔综合种养，开发休闲农业、稻渔文化和乡村旅游，拓展稻渔综合种养产业链，推进生产、加工、流通、休闲与美丽乡村建设衔接融合，促进产业融合发展。

在农业农村部和各地政府部门的大力推动下，稻渔综合种养模式和技术不断创新，目前，在安徽、黑龙江、吉林、辽宁、浙江、江西、福建、湖北、湖南、重庆、四川、贵州、宁夏等 13 个示范省（区、市），建立了核心示范区，组织集成、创新、示范和推广了"稻鳖共作＋轮作""稻蟹共作""稻虾连作＋共作""稻鳅共作""稻渔共作"5 类 19 个典型模式，以及 19 项配套关键技术。从示范效果上看，示范区水稻产量稳定在 500 kg 以上，稻田增效 50% 以上，农药使用量平均减少 51.7%，化肥使用量平均减少 50% 以上。

目前，稻渔综合种养养殖范围逐步扩大，全国稻田养殖范围存在四个方面的转移：一是地理纬度上的转移，从以往主要在南方进行稻田养殖扩展到东北、华北、西北各个地区。二是地形地貌上的转移，从以往主要在丘陵山区进行稻田养殖向平原、城乡地区转移。三是养殖规模扩大，从以往主要解决农民自食为主、养殖分散、粗放经营的自然经济向商品经济转移，推行产业化经营。四是地区上转移，不仅在贫困地区，而且在发达地区也积极开展稻田养殖。稻田综合种养内涵不断扩展：在种养模式上，稻田养殖由最传统的稻渔型发展为稻蟹型、稻鳖型、稻虾型、稻鳝型、稻鳅型、稻鸭型等。在发展稻田养殖多种水生动物的同时，还开展了稻田种植莲藕、茭白、茨菇、水芹等。与水产养殖结合，由单品种种养向多品种混养发展，由种养常规品种向种养名特优新品种发展，从而提高了产品的市场适应能力，而且提出了水田半旱式耕作技术和自然免耕理论，使稻田养殖向立体农业、生态农业和综合农业的方向发展。稻田综合种养技术有所创新：传统稻田养殖为平板式养殖，人放天养，自产自销。近年来，稻田养殖技术含量得到不断提高，根据种稻和养殖的要求，人们在稻田中开挖鱼沟（鳖沟和鳖溜），将挖出的田泥堆在沟的两侧形成垄，在垄内种稻，沟内养鱼（鳖）。采用种、养结合，构建稻蟹、鳖、虾等共生系统，通过保持和改善稻田生态系统动态平衡，努力提高太阳能利用率，促进物质在系统内的循环和重复利用，使之成为资源节约型、环境友好型、食品安全型的产业，产品为无公害的绿色食品或有机食品。

第二章　资源条件

第一节　稻田资源

一、我国稻作区划

我国水稻种植区非常广阔，各地自然生态条件复杂多样，社会经济条件各不相同，水稻生产水平差异较大。稻作区划主要是依据自然生态因素、社会经济因素、稻作生产特点，以县境为基本单元，做出的全国性稻作区划图。目前我国稻作分布的地区划分为 6 个稻作区，通过有效地利用自然资源和经济资源，发挥区域优势，调整水稻生产布局和结构，分类指导水稻生产以及引种、新品种选育、推广优良品种，为改变种植制度、改进栽培技术提供依据。

二、我国主要稻作区域

稻作区域是根据中国稻作在地域分布上的相似性和差异性而划分的稻区。中国稻作分区以周拾禄（1928）、赵连芳最早开始研究，其后蒋名贤（1948 年）根据稻作区域试验和调查结果，将全国划分为 10 个稻区，但当时的分区标准并不明确。丁颖（1957）以地区生态条件、种植制度和稻种类型三者结合的方法，将全国划分为 6 个稻作带，并编入 1961 年出版的《中国水稻栽培学》，为我国稻作区划奠定了基础。70 年代以来，根据稻作生产和研究工作的进展，在原有 6 个稻作带的基础上，把原依行政区域分带改为按自然生态和经济技术条件的地域特点分区，修正了各区的分界线和命名，并充实了一些生态描述，将我国水稻生产区域分为 6 个稻作区、16 个稻作亚区。共有水稻种植面积 4.5 亿亩，其中稻田综合种养面积约 2 800 万亩，仅占水稻种植面积的 5.6%，稻田综合种养具有很大的发展潜力（图 2-1）。

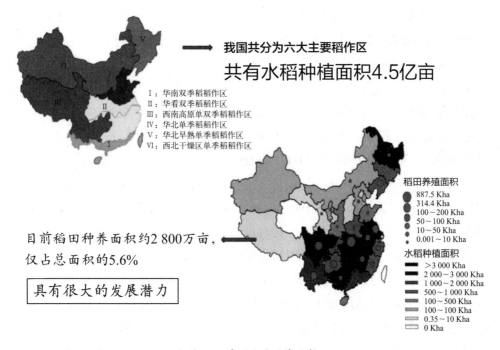

图2-1 我国主要稻作区域

（一）华南湿热双季稻作区

稻作区以双季稻三熟制为主，部分地区为一季稻与两季旱作或一季旱作复种。栽培上要求熟制、育秧、品种及生育期都以能避开春、秋寒与台风、暴雨为原则来调整和布局，做到趋利避害；栽培管理技术向吨粮田技术开发、杂交稻高产规范化栽培方向发展，近年来重点推行旱育稀植、抛秧、免耕抛秧等技术。

稻作区位于南岭以南，包括云南省西南部，广东、广西两省（自治区）的中、南部，福建省东南部，台湾省以及广东南海诸岛屿。稻田多分布在沿海和江河沿岸的冲积平原，以及丘陵山区和山间盆地。广东省的珠江三角洲、韩江平原、鉴江丘陵、雷州台地；福建省沿海的福州、漳州、泉州、蒲田平原；广西壮族自治区的西江沿岸和云南省澜沧江、怒江下游，台湾省西部平原，都是稻田较集中的地带。本区稻田约占中国稻田面积的17%，稻谷产量约占全国稻谷总产16%，均居全国第二位。

本区属热带和南亚热带湿润季风气候，高温多湿，水、热资源丰富，为全国之冠。稻作期间日平均气温 22 ~ 26℃；日较差 5.4 ~ 8.1℃；≥ 10℃的积温 6 500 ~ 8 000℃。稻作生长季达 260 d 以上，山区比同纬度平原短 5 ~ 10 d。早稻安全播种期：粳稻 2 月中旬至 3 月上旬，籼稻 2 月下旬至 3 月中旬；海南岛南部为 12 月播种，全年都能种稻，是中国水稻育种加代的重要基地；丘陵山地随海拔每增高 100 m，播种期推迟 3 ~ 7 d。晚稻安全齐穗期：粳稻 10 月上旬至 10 月底，籼稻 9 月下旬至 10 月中旬；丘陵山地随海拔每增高 100 m，提早 2 ~ 5 d。稻作期间总日照时数 1 400 ~ 2 000 h，日照百分率 40% ~ 60%，且由南向北递减；光合辐射总量 40 ~ 50 kcal/cm²，由南向北，自东到西递减，海南岛为全国最高值。稻作季节雨量充沛，总降水 1 100 ~ 1 600 mm，但时空分布不匀，丘陵台地有明显春、秋干旱。土壤多为冲积土、砖红壤、赤红壤等发育而成的水稻土。河流三角洲和河谷平原，土壤多为深软肥沃的泥肉田；丘陵山地多黄泥田，具有酸、黏、瘦的缺点；山区多冷浸田；滨海地区分布有既具咸性又有强酸性咸酸田。种植制度以双季稻为主，占稻田面积 80% 以上。海南岛南部的陵水、崖县有少量三季稻和冬稻种植。稻田复种轮作方式，有以双季稻与冬作物复种的一年三熟制；有单季稻与旱作物（甘薯、大豆、花生、甘蔗、黄麻等）复种的一年二熟制；有稻作与旱作实行年间轮换的水旱轮作制。稻作品种以籼稻为主，山区和台湾省有粳稻种植。本区常有早稻播种和开花期间的低温阴雨，晚稻出穗、灌浆期的"寒露风"，春、秋干旱，夏季台风暴雨以及交替出现的病虫危害。因此，在栽培技术上，一般围绕多熟高产的要求，合理安排早、晚稻品种，选用抗病强，不易落粒的矮秆高产品种，以防避自然灾害；在水旱轮作中，插种豆科和绿肥作物，以培养地力。

（二）华中湿润单、双季稻作区

长江以南多为双季稻三熟制或单季稻两熟制；长江以北为单季稻两熟制或两年五熟制。栽培特点：针对三熟制季节紧和自然灾害多的特点，采取一系列缓和季节矛盾及防避自然灾害的技术措施，包括合理搭配品种，适期播种，培育壮秧，配合施用氮磷钾肥、施用穗粒肥、微肥，水层、湿层与搁田（烤田、晒田）相结合等。高产栽培技术的研究与推广由模式栽培发展到吨粮田建设。近年来，示范推广轻简栽培技术如育秧、直播、抛秧、少免耕等。

稻作区位于淮河、秦岭以南，南岭以北。包括江苏、安徽省的中、南部，河南、陕西省的南缘，四川省东半部，浙江、湖南、湖北、江西诸省及上海市的全部，广东和广西两省（自治区）北部，福建省的中、北部。稻田多分布在江河、湖泊沿岸的冲积平原和丘陵以及山间盆地。如太湖、鄱阳湖、洞庭湖平原及江汉、成都平原，都是全国著名的商品稻米产区。本区稻田约占中国稻田面积的65.5%，稻谷产量约占中国稻谷总产的66%，均居全国首位。

本区属中亚热带和北亚热带湿润季风气候，温暖湿润，四季分明。稻作期间日平均气温21 ~ 25℃，日较差6 ~ 10℃；≥10℃积温4 500 ~ 6 500℃，由南而北递减，东西差异不大；四川盆地南部积温稍多于同纬度的长江中、下游地区；丘陵山地海拔每升高100 m，积温减少100℃左右。稻作生长季为200 ~ 260 d，丘陵山地短于同纬度平原。早稻安全播种期：粳稻3月中旬至4月上旬，籼稻3月下旬至4月中旬，由北而南逐渐提早；丘陵山地随海拔每增高100 m，推迟3 ~ 4 d。四川盆地因有秦岭、大巴山对寒流的阻挡，春温回升早于东部沿海地区，早稻播期比同纬度长江中、下游地区要早10 ~ 15 d。晚稻安全齐穗期：粳稻9月中旬至10月上旬，籼稻9月初至9月下旬，四川和汉中盆地比同纬度平原提前5 ~ 10 d。稻作期间日照总时数900 ~ 1 600 h，以四川盆地最少；日照百分率30% ~ 50%，北多南少，沿海又少于内陆。稻作期的光合辐射总量30 ~ 48 kcal/cm^2，四川盆地可达30 kcal/cm^2。沿海与山地丘陵，因云雨较多，总辐射量偏少。稻作生长季节总降水量750 ~ 1 300 mm，北少南多，差异较大。平原为冲积土，其中长江中、下游的鳝血土较肥沃；低洼湖荡的青紫泥养分丰富，但有效肥力低。丘陵山地多由红壤、黄壤发育而成的水稻土，土质黏性大，有机质含量低，酸性强。丘陵地区的梯田和冲田，还有马肝土，有机质含量中等，而钾素丰富。低洼地区地下水位高，土壤次生潜育化严重。种植制度为单季稻、双季稻的过渡地带。北部沿淮和鄂北一带，由于温度条件差，为单季稻区；中部的苏南、浙北平原、皖中平原、鄂中丘陵平原、汉中盆地及四川盆地一部分为双季稻与单季稻混栽地区；再向南移，双季稻面积显著增多。丘陵山区的种植制度，因地域和海拔不同而有差异。中部丘陵山区（浙北、皖南）海拔在300 m以下，南部福建在500 m以下，一般都可种双季稻。品种以籼稻占多数，杂交籼稻占有很大比重。太湖平原的单季稻和双季晚稻采用粳稻。本区由于气候的不稳定性，水、旱、风、雹及高、低温等多有发生。同时，病虫害种类多，常在生产上造成损失。在栽培技术上，针对三熟制带来季节紧、地力消耗大，灾害机遇多的特点，建立了一套缓和季节矛盾、用地与养地相结合以及防避自然灾害的农业技术体系。包括合理搭配品种、适期播种、培育壮秧、加强肥水管理，合理轮作等措施。

（三）华北半湿润单季稻作区

华北北部平原种植制度为一年一季稻，或一年一季稻两熟，或两年三熟（其中稻一熟或两熟）搭配种植；黄淮海平原普遍一年一季稻熟。栽培上针对水资源缺乏、生育后期易低温危害的特点，采用水稻旱种、旱育秧及其他节水技术，同时充分利用夏季光温条件，加强管理，防避冷害。

稻作区位于秦岭、淮河以北，长城以南。包括辽宁省的辽东半岛，天津、北京两市，河北省的张家口至内蒙古自治区多伦一线以南部分，山西省全部，陕西省秦岭以北的东南大部分，宁夏回族自治区的固原以南的黄土高原，甘肃省兰州以东，河南省中北部，山东省全部，以及江苏、安徽两省的淮北地区。稻田主要分布在渤海湾沿岸，河北和河南两省的沙、汝、颍、洪四河与黄河沿岸的低洼地区，山东省济宁、菏泽的滨湖低洼地区和临沂地区，江苏、安徽省的淮北平原及河湖低洼地区，陕西与山西省的渭、汾河及其支流沿河洼地，甘肃省东部和宁夏回族自治区南部黄河及其支流的沿岸洼地与平原区。稻田面积约占中国稻田面积的8%，稻谷产量约占我国稻谷总产量的8%。

本区属暖温带半湿润季风气候。稻作期间日平均气温19 ~ 23℃，东部高于西部，南北差异较小；日较差10 ~ 14℃；≥ 10℃的积温为3 500 ~ 4 500℃，自南向北，由东向西逐渐减少，西部高原不足4 000℃，辽东半岛也只有3 500℃左右。春季温度回升较慢，秋季气温下降快，对稻作生产不利。稻作生长季为140 ~ 200 d，华北南部长于西北部和辽东半岛。本区以粳稻为主，安全播种期为4月10—25日，其中华北平原4月10日前后，西部高原4月下旬，辽东半岛4月20日前后；安全齐穗期，西部自8月上旬至8月中旬，辽东半岛和华北平原8月中旬。稻作期间日照数为1 200 ~ 1 600 h，日照百分率46% ~ 60%，以华北平原为多。稻作生长季的光合辐射总量为35 ~ 42 kcal/cm²，自西向东逐渐增大，海河一带为本区的高值区。稻作期间降水量一般为400 ~ 800 mm，东南多于西北，西部的兰州只有288 mm。降水季节分布不匀，春雨特少，主要集中在6—8月，年际变化率较大，多雨年平原洪涝成灾，少雨年干旱严重，致使稻作面积难以稳定。土壤是由草甸土、盐碱土，部分为褐土、栗钙土等发育而成的水稻土。其淋溶作用小，富含速效性矿物质养分。但因蒸发强烈，低地表土极易泛盐。陕西省关中及山西省汾河下游冲积平原，土壤疏松肥沃。种植制度以单季稻为主，淮北平原、海河地区多以一熟稻和麦稻两熟搭配种植；辽东半岛以一季中粳为主。品种在北部以早熟或中熟中粳为主，南部地区采用中籼、杂交籼稻。在栽培技术上，针对水量不足、后期低温出现早的特点，采用水稻旱种湿土栽培等节水技术，并严格掌握安全齐穗期，防避冷害；同时加强前期培育，防止后期早衰，以充分利用夏季光温条件。

（四）东北半湿润早熟单季稻作区

一年一季稻。部分地区推行水稻与旱作物或绿肥隔年轮作。栽培上从防御低温冷害出发，选用耐寒早熟品种，采用保温育秧，提早栽播期，推行旱育稀植栽培和大棚盘育苗机械插秧，有条件的地方用机械收获。直播栽培还有一定面积，形成以育苗插秧为主、移栽与直播并存的两大栽培体系。

稻作区位于辽东半岛西北，长城以北，大兴安岭以东地区。包括黑龙江省东部，吉林省全部，辽宁省的中北部。稻田多分布在河流沿岸地带，如辽宁省的辽河中下游平原和东北部山区，吉林省中部的松花江平原和西部的东辽河平原以及东北部山区，吉林省中部的松花江平原和西部的东辽河平原以及东部延边地区的河谷地带，黑龙江省的松花江中、下游平原，牡丹江的半山区、铁（铁力）延（延寿）山边地区，黑河沿岸等地方。稻田面积约占全国稻田面积的2.5%，稻谷产量约占全国稻谷总产的3%。本区单产较高，米质优良，是商品优质米产区之一。

本区属中温带和寒温带半湿润季风气候，夏季温和湿润，冬季严寒漫长。稻作期间日平均气温17～20℃，日较差12℃左右；≥10℃积温小于3 500℃，黑龙江省北部只有2 000℃。稻作生长季110～160 d，为全国最短。安全播种期自南向北为4月25日至5月25日。安全齐穗期为7月20日至8月15日。稻作生长期总日照时数1 000～1 250 h，日照百分率55%～60%，吉林省延边不足1 000 h，日照率仅有47%；光合辐射总量24～35 kcal/cm²，自北向南递增。降水量只有300～600 mm，西部少于东部，水分条件乃是稻作生产的主要限制因子。土壤多为草甸土、沼泽土、白浆土、盐碱土等发育而成的水稻土。草甸土、沼泽土分布在平原,土层深厚,自然肥力高;白浆土肥沃度较差。种植制度均为一年一熟的单季早粳稻。栽培方法已由直播向育苗移栽演变。品种为早熟早粳稻,南部为中、迟熟类型,北部为特早熟类型。本区的低温冷害、秋涝春旱和稻瘟病等自然灾害,是使稻作生产不稳的主要因素。在栽培技术上,从防御低温冷害出发,选用耐冷早熟高产品种;采用保温育苗,提早播栽期,以避过后期冷害;加强前期培育,能充分利用夏季优越的光温条件;运用农业机械及时收获。

（五）西北干燥单季稻作区

一年一季稻。部分地方有隔年水旱轮作。南疆水肥和劳畜力条件好的地方的麦稻一年两熟。栽培特点:一是以水定稻,节约用水;二是移栽与直播并存,直播方式多种多样;三是水稻种植以主茎成穗为主,密度高;四是种稻与治理盐碱地相结合,以稻治涝,以稻治碱。

稻作区位于大兴安岭以西,长城、祁连山,青藏高原以北地区。包括黑龙江省大兴安岭以西,内蒙古自治区全境,甘肃省西北部,宁夏回族自治区的大部,陕西省北部,河北省北部,新疆维吾尔自治区全部。稻田主要分布在靠近水源而便于引灌的平地,因而形成大小不等分散的稻区,如甘肃省的河西走廊,内蒙古自治区的河套平原,宁夏回族自治区的银川平原,新疆维吾尔自治区的山麓泉水溢出地带和沿河洼地,包括北疆的米泉、玛纳斯河湾、阿勒泰和南疆的焉耆、库尔勒、库车和阿克苏等地,稻田面积只占我国稻田面积的 0.5% 左右,稻谷产量占中国稻谷总产的 0.4% 左右。

本区属中温带大陆性干燥气候,降水稀少,气温变化剧烈,但日照充足,光能资源丰富。稻作期间日平均气温 18 ~ 22℃,日较差是全国最大值区,达 11 ~ 14℃,有利光合物质积累。≥ 10℃积温 2 200 ~ 4 000℃。稻作生长季短,为 120 ~ 180 d,自北向南逐渐增加。安全播种期为 4 月 15 日至 5 月 5 日。安全齐穗期,地区差别很大,北疆 7 月中旬至 8 月初,南疆可到 8 月中、下旬,河西走廊与银川平原 7 月下旬至 8 月上旬。稻作生长季日照时数为 1 350 ~ 1 600 h,日照百分率除南疆的于田、和田外,均在 65% ~ 70%,为全国最高值区;光合辐射总量为 30 ~ 40 kcal/cm²,北部又比南部大。稻作生长季节降水量仅 30 ~ 350 mm,

为全国最少，其中又以南疆最少；东南部高原雨量略多，为 200 ～ 350 mm。水源不足、霜冻早，是限制稻作生产的主要因素。但光照条件好，昼夜温差大，有利光合物质积累，易获高产。土壤多为草甸土、沼泽土、盐碱土发育而成的水稻土。河西走廊、银川平原多为淤灌土，经长期耕作，土壤肥力有所提高。种植制度以单季稻为主，部分地区也发展了稻麦两熟，或稻、麦、旱秋作物轮换的两年三熟。稻作品种类型较多，河西走廊、银川平原以生育期 140 d 的中熟早粳为主；北疆以生育期 120 ～ 130 d 的早熟早粳为宜；南疆可用 160 ～ 170 d 的早熟中粳。栽培技术是以水定稻，节约用水；选用耐寒、耐旱早粳品种，以防冷害旱害；采用保温育秧，延长生育期；早栽早管，促早发早熟，充分利用优越的光能资源。

（六）西南高原湿润单季稻作区

以单季稻两熟制为主。水源条件好的地区有双季稻种植或杂交中稻后留再生稻。冬水田和冬炕田一年只种一季中稻。栽培上须按照不同海拔高度布局品种类型。近年来推行的杂交稻良种、保温育秧、规范栽插、配方施肥、综防病虫及旱育秧、抛秧技术表现有突出优点，推广面积逐年扩大。本区冬水田面积大，半旱式栽培对改变冷浸田水稻迟发或僵苗不发有明显效果。

稻作区位于中国大陆西南部。包括贵州省大部，云南省中、北部，四川省北部的甘孜、阿坝，青海省以及西藏自治区的零星稻区。稻田主要分布在云贵高原海拔 2 700 m 以下的河川谷地和山坡梯田。稻田面积约占我国稻田面积的 6.5%，稻谷产量约占我国稻谷总产的 6.6%。

本区属亚热带和温带湿润和半湿润高原季风气候。气候类型呈明显的立体分布，2 800 m 以上地区已不能种稻。稻作期间贵州高原日平均气温 18 ～ 24℃，日较差 9 ～ 10℃，≥ 10℃积温 3 700 ～ 5 100℃；云南高原日平均气温 17 ～ 21℃，≥ 10℃积温 3 000 ～ 6 000℃。云贵高原春季回暖虽较早，但夏季温度不足，秋冷早，稻作生长季只有 190 ～ 220 d，比同纬度华中稻作区少 15 ～ 30 d。贵州高原稻作安全播种期：粳稻 3 月底至 4 月初，籼稻 4 月中旬，比同纬度东部地区迟 15 ～ 20 d；晚稻安全齐穗期：粳稻 9 月 10—20 日，籼稻 8 月下旬至 9 月初，比同纬度东部地区提前 15 d 左右。云南高原由于夏季温度偏低，秋季降温早，稻作安全播种期和安全齐穗期，分别比贵州高原推迟和提早 15 d 左右。稻作期间总日照时数差异较大，贵州高原多云雾，光照不足，为 950 ~ 1 100 h，日照百分率为 30% ~ 38%，光合总辐射量为 20 ~ 30 kcal/cm²，为全国低值区；云南高原略高，日照总时数为 1 050 ~ 1 440 h，光合辐射总量为 25 ~ 30 kcal/cm²；青藏高原与四川西南部高原山地，又多于云贵高原。稻作期间，大部分地区雨量充足，但时空分布不匀，春旱、伏旱、秋旱可在不同地区出现。贵州高原总降水量为 850 ~ 1 000 mm，由南向北，自东向西明显递减，西部多春旱。云南高原，降水充沛，总降水量在 1 100 mm 左右，其地理分布，大致由北部中部向东、南、西三面递增；季节分配差异也很大，11 月到翌年 4 月为冬、春干旱季节，降水量仅占全年降水量的 15%，5—10 月为雨季，尤以 6—8 月为多，占全年雨量的 60%。藏南谷地雨量更少，仅 300 ~ 450 mm，略多于西北稻作区，春旱是阻碍稻作生产的主要因素。土壤多由黄壤和红壤发育而成的水稻土。由于所处地形、母质不同，又可分为紫泥田、黄泥田、胶泥田和冷浸田等。紫泥田多分布在川西南谷地，土体结构好，肥力稳定。黄泥田主要分布在云南高原梯田，其中黄泥大土田，土壤肥沃，耕作层深厚。种植制度一般以单季稻的稻麦两熟为主。云南高原农业的垂直分布明显，海拔 2 300 m 以上的高寒地带，有少量一年一熟的单季早熟粳稻；海拔 1 400 ~ 2 300 m 的中暖地带，多为一年一熟或一年两熟的单季中粳稻；1 400 m 以下的低热区为一年两熟的单季中籼稻，间有部分双季稻，故有"立体"农业之称。贵州高原在海拔 800 m 以下，可种植双季稻，并有较大面积的杂交稻。云南高原，稻作品种资源极为丰富，有世界稻种宝库之称。栽培品种按海拔高度形成自然的粳籼分界线。海拔 2 000 m 以上为粳稻区；1 750 m 以下为籼稻区，介乎其间的，为粳籼混栽区。在栽培技术上，按照不同海拔高度，合理安排品种布局；选用耐阴、耐冷、抗病品种，以防御低温；重视冬水田，以解决春季插秧缺水困难。

第二节　品种资源

一、水稻品种

水稻是我国最主要的粮食作物之一，我国水稻的播种面积约占粮食作物总面积的 1/4，产量约占全国粮食总产量的 1/2，在商品粮中占一半以上，产区遍及全国各地。我国是稻作历史最悠久、水稻遗传资源最丰富的国家之一。水稻属于禾本科稻属，是一个极其古老的作物。据考古发现，水稻在我国的种植历史至少有7000年左右，如浙江河姆渡、湖南罗家角、河南贾湖出土的炭化稻谷证实我国的稻作栽培是世界栽培稻起源地之一。

（一）水稻简介

水稻是一年生禾本科植物，高约 1.2 m，叶长而扁，圆锥花序由许多小穗组成。水稻喜高温、多湿、短日照，对土壤要求不严，水稻土最好。幼苗发芽最低温度 10 ~ 12℃，最适 28 ~ 32℃。分蘖期日均 20℃以上，穗分化适温 30℃左右；低温使枝梗和颖花分化延长。抽穗适温 25 ~ 35℃。开花最适温 30℃左右，低于20℃或高于 40℃，受精受到严重影响。相对湿度 50% ~ 90% 为宜。穗分化至灌浆盛期是结实关键期；营养状况平衡和高光效的群体，对提高结实率和粒重意义重大。抽穗结实期需大量水分和矿质营养；同时需增强根系活力和延长茎叶功能期。每形成 1kg 稻谷约需水 500 ~ 800 g。

水稻属须根系，不定根发达，穗为圆锥花序，自花授粉，是一年生栽培谷物，秆直立，高 30 ~ 100 cm，原产于中国，是世界主要粮食作物之一。水稻为重要粮食作物，除食用颖果外，可制淀粉、酿酒、制醋，米糠可制糖、榨油、提取糠醛，供工业及医药用；稻秆为良好饲料及造纸原料和编织材料，谷芽和稻根可供药用。

水稻所结子实即稻谷，去壳后称大米或米。世界上近一半人口，包括几乎整个东亚和东南亚的人口，都以稻米为食。水稻主要分布在亚洲和非洲的热带和亚热带地区。水稻在中国广为栽种后，逐渐向西传播到印度，中世纪引入欧洲南部。除称为旱稻的生态型外，水稻都在热带、半热带和温带等地区的沿海平原、潮汐三角洲和河流盆地的淹水地栽培。稻的主要生产国是中国、印度、日本、孟加拉国、印度尼西亚、泰国和缅甸。其他重要生产国有越南、巴西、韩国、菲律宾和美国。上个世纪晚期，世界稻米年产量平均为 4 000 亿 kg 左右，种植面积约 1.45 亿 hm²。世界上所产稻米的 95% 为人类所食用。

水稻除称为旱稻的生态型外，稻都在热带、亚热带和温带等地区的沿海平原、潮汐三角洲和河流盆地的淹水地栽培（水稻）。种子播在准备好的秧田上，当苗龄为 20 ~ 25 d 时移植到周围有堤的水深为 5 ~ 10 cm（2 ~ 4 寸）的稻田内，在生长季节要一直浸在水中。

（二）水稻品种

世界上的栽培稻有 2 个种，即亚洲栽培稻和非洲栽培稻。其中亚洲栽培稻种植面积大，遍布全球各稻区，所以称之为普通栽培稻。大量事实证明，我国南方至少是普通栽培稻的起源中心之一。 水稻经长期进化和不同生态条件的再塑造便发生了分化，我国学者丁颖（1957）根据对中国栽培稻（属亚洲栽培稻）的起源、演变和有关古籍的研究认定，中国栽培稻可分成籼、粳两个亚种，并根据品种的温光反应，需水量及胚乳淀粉特性等在籼、粳亚种下又分为早、晚，水、陆，粘（非糯）、糯等不同类型。

1. 籼稻和粳稻

（1）籼稻（Indica rice）：有 20% 左右为直链淀粉，属中黏性。籼稻起源于亚热带，种植于热带和亚热带地区，生长期短，在无霜期长的地方一年可多次成熟。去壳成为籼米后，外观细长、透明度低。有的品种表皮发红，如中国江西出产的红米，煮熟后米饭较干、松。通常用于萝卜糕、米粉、炒饭（见彩图 1）。

（2）粳稻（Japonica rice）：粳稻的直链淀粉较少，低于 15%。种植于温带和寒带地区，生长期长，一般一年只能成熟一次。去壳成为粳米后，外观圆短、透明（部分品种米粒有局部白粉质）。煮食特性介于糯米与籼米之间。用途为一般食米（见彩图 2）。

籼稻和粳稻是长期适应不同生态条件，尤其是温度条件而形成的两种气候生态型，两者在形态生理特性方面部有明显差异。在世界产稻国中，只有中国是籼粳稻并存，而且面积都很大，地理分布明显。籼稻主要集中于中国华南热带和淮河以南亚热带的低地，分布范围较粳稻窄。籼稻具有耐热，耐强光的习性，它的植物学特性为粒形细长，米质黏性差，叶片粗糙多毛，颖壳上茸毛稀而短以及较易落粒等，都与野生稻类似，因此，籼稻是由野生稻演变成的栽培稻，是基本型。粳稻分布范围广泛，从南方的高寒山区，云贵高原到秦岭，淮河以北的广大地区均有栽培。粳稻具有耐寒，耐弱光的习性，粒形短圆，米质黏性较强，叶面少毛或无毛，颖毛长密，不易落粒等特性，与野生稻有较大差异。因此，可以说粳稻是人类将籼稻由南向北，由低向高引种后，逐渐适应低温的变异型。

2. 早、中、晚稻

早、中、晚稻的根本区别在于对光照反应的不同。早、中稻对光照反应不敏感，在全年各个季节种植都能正常成熟，晚稻对短日照很敏感，严格要求在短日照条件下才能通过光照阶段，抽穗结实。晚稻和野生稻很相似，是由野生稻直接演变形成的基本型，早、中稻是由晚稻在不同温光条件下分化形成的变异型。北方稻区的水稻属早稻或中稻。

3. 糯稻和非糯稻

（1）糯稻。中支链淀粉含量接近100%，黏性最高，又分粳糯及籼糯。粳糯外观圆短，籼糯外观细长，颜色均为白色不透明，煮熟后米饭较软、黏。通常粳糯用于酿酒、米糕，籼糯用于八宝粥、粽子。

（2）非糯稻。中国做主食的为非糯米，做糕点或酿酒用为糯米，两者主要区别在米粒黏性的强弱，糯稻黏性强，非糯稻黏性弱。黏性强弱主要决定于淀粉结构，糯米的淀粉结构以支链淀粉为主，非糯稻则含直链淀粉多。当淀粉溶解在碘酒溶液中，出于非糯稻吸碘性大，淀粉变成蓝色，而糯稻吸碘性小，淀粉呈棕红色。一般糯稻的耐冷和耐旱性都比非糯稻强。

此外，在水稻分类学上，根据稻作栽培方式和生长期内需水量的多少，有水稻和旱稻之分。旱稻，也称陆稻，是种植于旱地靠雨养或只辅以少量灌溉的稻作，一生灌水量仅为水稻的 1/4 ～ 1/10，适于低洼易涝旱地、雨水较多的山地及水源不足或能源紧缺的稻区种植。

4. 旱稻和水稻

要了解稻，最基本的分法，往往先根据稻生长所需要的条件，也就是水分灌溉来区分，因此稻又可分为水稻和旱稻。但多数研究稻作的机构，都针对于水稻，旱稻的比例较少。

旱稻又可称陆稻，它与水稻的主要品种其实大同小异，一样有籼、粳两个亚种。有些水稻可在旱地直接栽种（但产量较少），也能在水田中栽种。旱稻则具有很强的抗旱性，就算缺少水分灌溉，也能在贫瘠的土地上结出穗来。旱稻多种在降雨稀少的山区，也因地域不同，演化出许多特别的山地稻种。目前旱稻已成

为人工杂交稻米的重要研究方向，可帮助农民节省灌溉用水。

有传说最早的旱稻可能是占城稻。中国古籍宋史《食货志》就曾经记载："遣使就福建取占城稻三万斛，分给三路为种，择民田之高仰者莳之，盖旱稻也……稻比中国者穗长而无芒，粒差小，不择地而生。"但目前仍有争议，原因就在于学者怀疑以地区气候来论，占城稻有可能是水稻旱种，而非最早的旱稻。

5. 人工水稻

1973 年，袁隆平成功用科学方法产出世界上首例的人工杂交水稻，因此被称为杂交水稻之父。他经过四年的研究，带领团队从世界上几百个稻种中探索，并在稻种的自花授粉上有了自己的心得。袁隆平认为野稻并不一定全为自花授粉，他在海南岛找寻到一种野稻称为"野稗"，并成功地与现有水稻配种出一些组合稻种。这些组合稻种无法自体授粉，而需仰赖旁株稻种的雄蕊授粉，但产量比原水稻多上一倍。不过最初的几年，培育出的新稻虽然稻量增加，而且多数没有花粉，符合新品种的需求，但其中有的却有花粉，能产出下一代，而且稻量不丰；但袁隆平并没有放弃，一直到了第九年，上万株的新稻都没有花粉，达成了新品种的要求，也就是袁隆平的三系法杂交水稻。

（三）分布范围

稻生长的最北限是中国的黑龙江省呼玛。但主要的生长区域是我国南方及台湾、日本、朝鲜半岛、东南亚、南亚、欧洲南部地中海沿岸、美国东南部、中美洲、大洋洲和非洲部分地区，中国北方沿河地区也种植稻。也就是说，除了南极洲之外，几乎大部分地方都有稻米生长。

在 2003 年统计，全世界的稻作产量高达 5 亿 8 900 万 t。在亚洲就有 5 亿 3 400 万 t 的产量。而全世界稻田总面积可达 150 万 km²。目前，最大的稻米出口国为泰国。

中国是世界上水稻栽培的起源国，根据 1993 年中美联合考古队在道县玉蟾岩发现古栽培稻，距今已有 14 000 ~ 18 000 年的历史。

中国著名的小站稻主产于天津市，它是在袁世凯小站练兵时引进的品种在小站地区试种成功，后来经天津南郊的高庄子李氏大地主改良后成为今天的小站稻，它口味好，成饭后松软可口，成为天津的主要粮食产品之一，但是"文化大革命"中它曾经作为四旧品种停种了很长的一段时间，改革开放后又在天津南郊大面积种植。

二、中华鳖品种

中华鳖是我国常见的养殖品种，俗名甲鱼、老鳖、水鱼或团鱼。隶属于脊索动物门，爬行纲，龟鳖目，鳖科，鳖属。野生中华鳖主要分布于中国、日本、韩国、越南北部以及俄罗斯东部等地。鳖为水栖性，常常栖息于具有沙泥底质的淡水水域，喜上岸进行日光浴。肉食性，主要以鱼、虾、软体动物等为食，一般多在夜间觅食。

（一）形态特征

鳖体呈椭圆形，扁平，背部略高。整个外部形态分为头、颈、躯干、尾及四肢。其体色是一种生物的自我保护色，与其生活环境相适应，随着生活环境的变化而改变。自然界中野生鳖背甲表面一般为灰黑色、墨绿色、黄绿色、茶褐色或橄榄绿色，大部分带有雪花斑，腹部大多呈灰白色或浅黄色。

1. 头部

头部粗大，前端略呈三角形，后颈部近似圆筒状，形似蛇头。吻端延长呈管状，具长的肉质吻突，约与眼径相等。一对管状鼻孔开口于吻突前端，既是呼吸器官，又是觅食器官。由于鳖的呼吸孔开口于吻端，所以身体完全不用露出水面，只需吻突稍稍露出水面就可从水中浮起呼吸空气中的氧气，有利于隐蔽身体，免受敌害侵袭。眼小，位于鼻孔后方头顶两侧，眼窝稍外突，具眼睑和瞬膜，因此眼睛可开闭。口无齿，但被以唇瓣状的皮肤皱纹和角质鞘（称为喙），角质喙边缘极锋利，具备牙齿的功能，可咬住和切碎坚硬食物。脖颈细长，呈圆筒状，伸缩自如，视觉敏锐。

2. 颈部

粗长而有力，具有发达的伸缩肌，故鳖颈部可自由伸缩转动。当头和颈全部缩入甲壳内时，颈椎呈"U"形弯曲。当头颈完全伸直时，其长度可达体长的80%。当头向左右两侧伸展时，吻突可触及后肢附近。由于鳖的腹甲前缘比背甲

前缘更靠前，故当头颈向背部伸展时可达背部中央稍前，而向腹部伸展时只能到达前肢稍前。

3. 躯干

短宽，略扁平，呈卵圆形。背腹具甲，通体被柔软革质皮肤，无角质盾片。背甲与腹甲一起形成一个硬壳状的组织器官保护腔。鳖颈基部两侧及背甲前缘均无明显的瘰粒或大疣，背甲周边为肥厚的结缔组织，形成柔软的肉质"裙边"，裙边上疣粒明显。腹甲平坦光滑，有7个胼胝体，分别在上腹板、内腹板、舌腹板与下腹板联体及剑板上。由于鳖的体表皮肤无皮肤腺，因此鳖在陆地或淤泥中生存时可减少体内水分蒸发，避免体表干燥。

4. 尾部

扁锥形。尾的长短是识别雌雄的一个重标志，雌性个体尾短，达不到裙边，雄性个体尾长，可稍伸出裙边外缘。尾部既可伸直，也可藏入裙边内。尾的根部下方为泄殖孔。

5. 四肢

粗短有力，扁平状，既可露出体外，也可缩入壳内。后肢比前肢发达。前后肢各有5趾，趾间有蹼，内侧3趾有锋利的爪。粗壮的四肢和较宽的蹼膜，使鳖既能在水中游泳划行，又能支持身体在陆地上爬行。鳖靠前后肢划水前进，靠裙边上下左右摆动来改变方向。锐利的爪可兼捕食器官。

（二）内部构造

鳖的内部结构可分为骨骼、肌肉、消化、呼吸、循环、神经、排泄和生殖系统。

1. 骨骼系统

鳖的骨骼由外骨骼和内骨骼组成，由于长期进化的缘故，鳖的内外骨骼已经达到硬骨化程度。外骨骼分为鳖背部的背甲和腹部的腹甲两部分。背甲为无缘板，共由25块骨板组成，最前端为1枚广阔横大的项板，后接8枚狭长而呈矩形的髓板，髓板两侧各有8枚肋板，肋骨出于肋板两侧外边，各有8条；腹甲比背甲小，但其前端比背甲稍突出些，共有9枚腹板组成，其中，中、下两对腹板前后紧密连结成对，其余 5 枚之间有间隙，靠胶膜凝聚。背、腹甲由韧带组织连接，外包覆柔软的革质皮肤。内骨骼可分为头骨、中轴骨和附肢骨，这些骨骼几乎全部都已骨化，其中脊柱已和背甲愈合在一起，肩带和腰带也以韧带连系到背、腹甲。骨骼内主要是以磷酸钙盐为主的无机盐类，约占 65%，其余 35% 是骨蛋白为主的有机物质。内外骨骼是鳖支撑身体运动的重要组织。

2. 肌肉系统

鳖的肌肉可分体肌和脏肌两类，全身共约有 150 条肌肉组成。体肌由横纹肌组成，已具有一定形态的肌肉块，附着在骨骼上，接受运动神经支配，可随意运动。体肌很多与背腹甲相连接，因此甲鱼在陆上和水中具有很强的活动能力。脏肌是形成内脏器官的平滑肌，接受植物神经支配，不能随意运动。

3. 消化系统

鳖的消化系统可分为消化道及消化腺两大部分。消化道包括口、口腔、咽喉部、食道、小型的胃、小肠、大肠（无盲肠）、泄殖腔和泄殖孔等部分组成。消化腺由发达的肝脏、胰脏、脾脏及胆囊和肠腺组成，能分泌消化食物的消化液、胰腺、胆汁和肠液。口位于头部腹面，口腔中有舌头，呈三角形，舌头上着生小乳突，有助于吞咽食物。鳖的食道、胃和肠区分不明显，食道后部略膨大呈"U"形的是胃，胃壁肌肉发达，伸缩性较强，可容纳较多食物。胃下接小肠，小肠分为十二指肠和回肠，回肠较长，是食物消化和营养吸收的主要场所。小肠后接大肠，分为结肠和直肠，直肠末端膨大的为泄殖腔，开孔于尾的基部是泄殖孔。鳖的肝脏较大，分为左右两叶，每叶又分为 3 瓣和 1 小叶，肝脏中储存糖原和脂肪体，供机体代谢。胆囊较大，位于右叶肝的下方，有胆管通入小肠。胰脏位于胆囊下方，为淡黄色，胰腺管通入小肠。

4. 呼吸系统

鳖营肺呼吸，肺发达，分为左右两大叶，呈柳叶状，紧贴于背甲的内侧，从肩胛骨与背甲相连处开始，一直延伸到近髂骨，因而肺较大，其容量也大。肺内具有许多隔膜分成的细小腔室，空气经鼻和软骨环支撑着的气管进入肺脏的细小腔室内。鳖的气管和支气管都较长，另具喉头软骨，但无可发音的声带，此外在

咽喉部有明显的辅助呼吸器官。

5. 循环系统

鳖的循环系统包括静脉窦及二心耳一心室，心室间有较发达的隔膜，但未彻底分隔为左右心室，动脉血和静脉血不能完全分开，因而是不完整的双循环。从心室流出来的血是半新鲜的血液，含氧量低，鳖的代谢率低。鳖没有调节体温的能力，体温随外界温度变化而变化，因而是变温动物，其造血器官为脾脏。鳖从心室的不同部位分别发出三条动脉管，这三条动脉是肺动脉弧，由心室右侧发出，随即分成左右肺动脉入肺；右大动脉弧，由心室隔膜左侧发出，左大动脉弧，由心室的中间偏右发出，左右大动脉最后相连成背大动脉，输血液至各内脏器官。

6. 神经系统

鳖的神经系统和淋巴系统比两栖动物发达，脑虽小但大脑半球显著，大脑半球和小脑半球可分为白质和灰质，调节运动的能力较强。大脑表层的新脑皮开始聚焦成神经细胞层，中脑视叶为高级中枢。鳖的嗅觉器官特别灵敏，鼻脑及嗅黏膜有所扩大，嗅觉灵敏且具有探测化学气味的感觉功能。鳖的听觉和视觉器官也较发达，听觉器官包括内耳和中耳。鳖的皮肤感觉灵敏。

7. 排泄系统

鳖的主要排泄器官为一对深色肾脏，由后肾演变而来，其表面有许多沟纹。肾脏左右对称，前端较广阔，后端较狭而相距较近，各有一条输尿管将尿输至泄殖腔排出体外，输尿管开口于泄殖腔的尿道背壁，尿道的腹壁有膀胱。

8. 生殖系统

鳖是雌雄异体，体内受精。雌性的生殖器官为一对左右对称的卵巢，位于体腔中后部背面，1对白色的输卵管由前肾管组成，迂回于卵巢两侧，一端开口于腹腔，前端膨大为喇叭口，位于体腔背中线靠近肺门处，分泌蛋白质以包围卵子；另一端螺旋而下，后端膨大为子宫，分泌纤维质的卵壳膜和钙质的卵壳作为保护卵子的韧膜和硬壳，输卵管最后开孔于泄殖腔。鳖产多黄卵，成熟个体卵巢很大，卵巢内常有不同发育阶段的黄色卵子，成熟卵从卵巢腔排出进入体腔，从喇叭口进入输卵管，受精在输卵管上端进行，受精卵沿输卵管下行，在输卵管下段陆续被由管壁所分泌的蛋白质和卵壳包裹，卵产出后自然孵化。雄性的生殖器为 1 对卵圆形的白色精巢，对称地排列在体腔背后方肾脏之前，另有由中肾管衍变而来的输精管，输精管后端与后肾的输尿管合并，分别开口在泄殖腔尿道的背壁。泄殖腔内有一肌肉质的棒状体为阴茎，其末端为 5 个尖形小瓣称为阴茎龟头。阴茎是海绵体、肌肉纤维和血管丛的实体，为雄鳖的交接器，输送精液入雌体进行体内受精。

（三）生态习性

1. 生活习性

鳖栖息在淡水中，属两栖爬行冷血动物，可生活于具有沙泥质或淤泥底质的江河、湖泊、水库、池塘以及山溪的石洞里。在安静、清洁、阳光充足的水岸边活动较频繁，喜晒太阳，有时上岸但不能离水源太远。能在陆地上爬行、攀登，也能在水中自由游泳。鳖喜静怕惊，喜洁怕脏，喜阳怕风，对周围环境的声响反应灵敏，只要周围稍有动静，鳖即可迅速潜入水底淤泥中，所以养鳖场或养鳖池地理环境一定要保持安静。鳖如果经常受到惊吓，对其生长繁殖都是很不利的。

鳖为两栖爬行性动物，无调节体温机能，其体温与其生活环境温度相近，对水温敏感性强，因而鳖的生活规律与外界温度的变化有着密切的关系。秋季当水温降至 15℃ 以下时停止摄食，10℃ 以下时开始长时间潜伏在水底泥沙中冬眠，冬眠期长达半年之久。因此，在自然条件下养鳖，生长缓慢，一般一年只长 100 g 左右。为了加快鳖的生长速度，在人工养殖中常采用加温措施，打破鳖的冬眠习性，加快生长速度。春季，清明前后当水温上升到 15℃ 以上时，鳖从冬眠中渐渐苏醒，由潜伏的泥沙中爬出来活动，当水温达到 20℃ 以上时，便开始觅食。炎热的夏季，当水温超过 35℃ 时，鳖喜在树荫下或阴凉的水草丛中歇凉。秋天当水温降到 20℃ 以下时，鳖摄食减少，代谢强度降低，15℃ 以下时停止摄食活动。鳖的适宜生长温度为 20 ~ 35℃，最适生长温度为 27 ~ 33℃，当水温超过 35℃ 时，鳖则潜居在树荫下或水草丛生的遮阴处。在我国北方地区，鳖 10 月底冬眠，翌年 4 月开始寻食。

鳖性喜温，在晴朗的天气里，鳖喜欢爬上岸或在水面漂浮物上进行日光浴，直到背甲上水分干涸为止，俗称晒背或晒壳，每天约进行 2 ~ 3 h，在环境安静而无危险感觉时，晒壳时间更长。晒壳是鳖的一种自我保护本能，为生理所需，通过晒壳，有利于迅速提高体温，及早开始昼间活动，也可增强皮肤的抵抗力和灭菌除害。民间谚语形容鳖的活动是"春天发水走上滩，夏日炎炎柳荫栖，秋天凉了入水底，冬季严寒钻泥潭"，生动形象地描述了鳖的一年四季活动规律。

鳖主要用肺呼吸，必须不时游到水面，将鼻孔伸出水面呼吸空气，常常身体不外露，以免遭敌害侵袭。出水呼吸的频率与水温有关，水温越高，呼吸越频繁，反之则低，一般 3 ~ 5 min 呼吸一次。鳖的耐水性较好，能忍受较长时间的水中生活，夏天将鳖闷在水中，可保持 2 ~ 10 h 不死，其维持时间随个体不同而异。

鳖生性胆怯，警惕性特强，稍有惊扰，如听到水声，看到远处的人影便迅即逃入水中或潜入水底泥沙中躲藏起来。在陆地上生活时，一旦遇到危险，便将头颈部和四肢缩入壳内，以御外敌。鳖相互之间咬斗非常凶狠，体弱的常被咬伤甚至咬死。鳖在受到其他动物侵害或在产卵时，也会主动攻击，因此人捉鳖时手常被咬住，并且"雷打不动"，其实这只是鳖出于自卫本能地攻击，只要将手连同鳖立即放入水中，它便会松口逃遁。

2. 食性

鳖是偏肉食的杂食性动物，食性杂而广，消化力强，吃食腐臭食物后，也不致病，通常以摄食含高蛋白质的动物性食物为主。自然条件下，鳖行动不如鱼类敏捷，常捕食鱼虾、软体动物的螺蚌、大型浮游动物、水生昆虫的幼虫和蚯蚓等底栖小型动物，当动物性饵料不足时，也食水草、谷类等水生和陆生植物，并特别嗜食臭鱼、烂虾等腐败变质饵料，如食饵缺乏还会互相残食。人工养殖条件下，可投喂畜禽内脏、鱼虾、螺蚌及品质较高的人工配合饲料等。鳖取食主要依靠十分敏感的嗅觉器官，在摄食过程中，并不主动追袭食饵，是静待食饵降临，往往潜伏水底，伺食饵接近，即迅速把头和颈部伸出体外张嘴吞食，然后又立即把头颈部缩进壳内，利用其锋利的角质缘紧紧把食物咬住压碎，再由下颌前缘与口角附近的唾腺分泌唾液，润滑压碎的食饵，而后吞食。鳖生性怯懦怕声响，白天潜伏水中或淤泥中，夜间出水觅食，耐饥饿，但贪食且残忍。在饵料严重缺乏时，常互相残食，但耐饥能力也很强，较长时间不食也能生存。

3. 年龄生长

鳖有极强的生命力，自古以来就有"千年王八万年龟"的传说，是动物界中长寿动物之一。自然界中，鳖的生长速度缓慢，其生长速度因饵料、生长阶段及性别不同而异。在人工饲养条件下，若投喂营养价值较高的饵料，则生长较快。一般在第一、二年，其相对生长速度较快，而绝对增重较慢，而第三、四年，其绝对生长较快，相对生长较慢。

不同地区由于温度各异，鳖生长速度亦不同。如在我国台湾南部养殖 2 年就可达到 600 g 左右，在台湾中北部需 2 ~ 3.5 年，而在长江流域养成 400 ~ 500 g 约需 4 年时间。此外不同性别生长速度也存在差异。体重 100 ~ 200 g 的鳖，雌比雄长得快，雌的年增重可达原体重的一倍，而雄的只有 60% ~ 70%，体重 200 ~ 300 g 的鳖，雌仍比雄长得快，增重比例与上述情况相同，体重 300 ~ 400 g 的鳖，雌雄的生长速度持平，各自净增的比例可达原体重的 80% ~ 90%，体重 400 ~ 500 g 的鳖，雌的生长速度比雄的慢，雌的净增比例为原体重的 60% ~ 70%，雄的仍可达到 80% ~ 90%。鳖在整个生长发育过程中，3 ~ 4 龄，体重 250 ~ 400 g，是生长优势阶段，而在体重 50 g 以下的生长速度较慢，且在第一次越冬期要经受疾病和死亡的考验，在自然条件下成活率较低。

4. 繁殖习性

在长江中下游地区，一般鳖在 4 ~ 5 龄性成熟，北方需 5 ~ 6 龄性成熟。当水温达到 20℃ 以上时，达到性成熟的鳖开始交配，28 ~ 30℃ 是产卵的最佳水温，交配季节为 4—10 月。鳖在一年中可多次产卵，雌鳖在产卵时会选择合适的地点挖洞产卵。其产卵次数、每次产卵量以鳖卵大小因生活地域、雌鳖的年龄、体重及营养状况的不同而各有差异。雌鳖产卵后即自行离开，鳖蛋自然孵化。

若 4—5 月水中交配，二周左右开始产卵，产卵 20 d 左右会再次交配，因此鳖一年能多次交配多次产卵，或一次交配数次产卵。当水温达 30℃ 左右时，鳖的产卵达到高峰期。通常体重在 500 g 左右的雌鳖可产卵 24 ~ 30 枚。5 龄以上雌鳖一年可产 50 ~ 100 枚，繁殖季节可产卵 3 ~ 4 次。卵为球形，乳白色，卵径 15 ~ 20 mm，卵重为 8 ~ 9 g。鳖选好产卵点后，就掘穴，洞穴直径一般为 5 ~ 8 cm，深 10 ~ 15 cm。洞穴挖好后，鳖就将卵产于其中，然后用土覆盖压平伪装，不留痕迹。经过 40 ~ 70 d 地温孵化，稚鳖破壳而出，1 ~ 3 d 脐带脱落入水生活。卵及稚鳖常受蚊、鼠、蛇、虫等的侵害。产卵点一般环境安静、干燥向阳、土质松软，据研究观察，其距离水面的高度可准确判断当年的降雨量。鳖的寿命可达 60 龄以上。

研究表明，生活在不同地区的鳖，由于地区积温的不同，其性成熟的年龄亦有差异。一般纬度越高，性成熟的年龄越大。如华南地区为 3 ~ 4 龄，华中地区为 4 ~ 5 龄。在生态养殖条件下，不同产地的鳖种其性成熟的年龄也有较大差异。如当年 6 月初放养的台湾鳖种在翌年的 7 月开始发情交配，第三年 5 月底陆续产卵；而 7 月初放养的江西鳖种则要在第三年的 7 月才开始交配。由于商品养殖条件下，鳖性成熟后的交配、产卵会造成雌性鳖体表受伤、体质下降进而引起大量死亡，因此必须根据鳖种产地的不同来确定不同的养殖周期。

（四）中华鳖品种资源

甲鱼俗称鳖、水鱼、脚鱼、圆鱼、团鱼或王八等，隶属于脊椎动物门、爬行纲、龟鳖目、鳖科，共 7 属 24 种。其中，我国鳖科中有 3 个属 5 个种，分别是鳖属、鼋属和中国古鳖属。鼋属有鼋和太湖鼋两种。鼋广泛地分布于中印半岛、印度尼西亚、菲律宾、伊里安岛和中国的浙江、广东、广西壮族自治区、海南、云南等地。太湖鼋仅分布在我国江苏、浙江等地。鼋吻突与鳖差异较大，其吻突极短，不到眼径的 1/2。中国古鳖属仅一种，即维氏中国古鳖，它是我国学者于 1953 年根据四川省出土的化石标本经鉴定建立起来的化石种。鳖属共有 16 种，广泛分布于亚洲、非洲及北美洲等地，我国仅中华鳖和山瑞鳖 2 种。中华鳖身体比山瑞鳖扁薄，背部光滑无黑斑，无疣粒，暗绿色，在我国分布最广，除宁夏、新疆、青海、西藏未见外，其他各省都有分布。而山瑞鳖身体肥厚，背部深绿色，有黑斑和疣粒，仅分布于广东、广西壮族自治区、海南、云南、贵州等地，是我国南方名贵特种水产品，平均个体比中华鳖重，最大个体达 10 kg。目前，甲鱼的来源很多，除原产于我国大陆的甲鱼品种之外，我国台湾以及泰国、越南、孟加拉、马来西亚、美国都有出产。

目前我国常见的鳖养殖品种主要有从日本引进的日本鳖、泰国鳖和台湾鳖，此外，用于养殖的较好的中华鳖地域品系主要有太湖鳖、黄河鳖、湘鳖、沙鳖和黄沙鳖等。这些品种养殖效果好，抗病力强。

1. 中华鳖

中华鳖以长江水系及珠江水系的江河、各大湖泊和水库中的野生中华鳖品质好，亲本繁育的子代种质优良，生长速度快，疾病较少，群体产量高、经济效益显著。其外形与龟相似，体近椭圆形，扁薄，背部略高。体色暗绿色或暗褐色，无黑斑，无疣粒，腹部灰白或黄白色，颈部无瘰疣。野生中华鳖背甲光滑平整，可隐现甲壳轮廓（见彩图3）。

2. 泰国鳖

泰国鳖背面呈黑色，灰暗，较光滑，鳖苗腹甲表面有蓝黑色斑点，口感差。其性情温和，行动迟缓。每年进入我国鳖苗有4 000万～5 000万只。在生产中，尽管其价格低廉，但由于有些泰国鳖是带病的，因此其死亡率较高，养殖者必须有清醒的认识（见彩图4）。

3. 中国台湾鳖

台湾鳖原产于中国大陆，由台湾养殖人员驯养和选育而成。鳖体呈黄色，背甲有黄斑，腹部有深色斑块。但台湾鳖胆大温顺，产卵量大，繁殖力强，生长速度快，其肉质和口感逊于中华鳖。台湾鳖的特点是早熟，且养殖技术成熟。台湾商人利用时间差进行大规模人工繁殖和高温催化，将大量的台湾鳖苗售往大陆，其生长情况与泰国鳖相似（见彩图5）。

4. 沙鳖

沙鳖原产于湖南一带水域，其背面深绿、较黑，背部隆起，腹部为黄色，经初步研究有可能是一种杂交品种，也可能是中华鳖的变异品种。沙鳖生长慢、个体小、口味差。在养殖过程中易染疾病，不宜作为养殖对象（见彩图6）。

5. 日本鳖

日本在20世纪80年代从我国引进中华鳖原种进行培育养殖，到90年代，我国将这个品系引入，经提纯复壮后形成了一个新的品种，即日本鳖，也有称中华鳖日本品系。它主要分布在日本关东以南的佐贺、大分和福冈等地。日本鳖脂肪含量少，蛋白质含量高，可达 18.8% 以上，肉质口感好。在我国，通过试验和大面积养殖比较，日本鳖具有较好的种质优势：首先日本鳖生长速度快，在同等条件下养成阶段的生长速度比中国台湾鳖、泰国鳖和本地中华鳖分别快 20%、18% 和 15% 以上。其次，日本鳖的抗病性能强，除了对环境要求较严苛外，日本鳖在整个养殖过程中很少发病，特别是严重影响销售外观的腐皮病，这可能与其较厚的体表皮肤和相对温驯的特性有关。第三，日本鳖商品品质好，其裙边宽厚坚挺，肥满度适中，因此，日本鳖商品一般都具优质的体征。从检测看，日本鳖的鲜味氨基酸比一般的甲鱼高 10% 以上。第四，日本鳖遗传性状稳定，可自繁自育，且繁殖力强，很适合外塘养殖。成熟日本亲鳖最高年产卵 68 枚，受精率 81%，孵化率 92%。第五，日本鳖生命力强，耐存放运输。在室温 20℃的储存室用网袋包装放置 60 d 或在室温 15℃时放置 90 d，无一死亡，成活率 100%。如用网袋包装，用汽车在浙江气温 28℃与海南三亚气温 32℃的气候条件下从北往南运 50 h，在途中不采取任何措施的情况下同时运鳖苗（3～5 g）、鳖种（350 g）和后备亲鳖，成活率均为 100%（见彩图 7）。

6. 太湖鳖（江南花鳖）

太湖鳖了除具有中华鳖的基本特征外，最明显的特征是在背甲上有 10 个以上排列较规则的块状花斑，腹部也有块状花斑，形似雪花状的戏曲脸谱，又称江南花鳖。其抗病力强，肉质鲜美，口感好，虽售价较高，但很受消费者欢迎。主要分布在太湖流域的浙江、江苏、安徽、上海一带，是一个有待选育的地域品系（见彩图 8）。

7. 湖南湘鳖

湖南湘鳖形似太湖鳖，但其腹部无花斑，特别是在鳖苗阶段其体色呈橘黄色，生长速度与太湖鳖相近。主要分布在湖南、湖北和四川部分地区，也是我国较有价值的地域中华鳖品系（见彩图 9）。

8. 黄河鳖

黄河鳖背甲黄绿色，腹甲黄色，且鳖油也呈黄色，故称三黄鳖。由于环境和气候条件特殊，黄河鳖体大裙宽，很受消费者欢迎，生长速度也与太湖鳖相近。主要分布在黄河流域的河南、山东境内，其中以黄河口的黄河鳖为最佳（见彩图 10）。

9. 黄沙鳖

黄沙鳖体长圆，腹部无花斑，体色金黄，裙边宽厚，肌肉结实，肉质鲜美，是中华鳖的地方品种，因其食性杂生长快，长大后体背可见背甲肋条，故在有些地区会影响其销售。主要分布于广西壮族自治区、广东的西江流域地区，是西江水系特有的鳖种（见彩图 11）。

10. 珍珠鳖

珍珠鳖，原产地美国佛罗里达州，亦称佛罗里达鳖，学名美国山瑞鳖。由于成鳖个体较大，性情温顺，生长迅速，易养殖，经济效益高，是当前龟鳖养殖的主要品种之一。珍珠鳖近椭圆形，体色金黄光亮，小苗颜色乌黑，在软质的壳甲上分布着细致的圈状花纹，裙边像镶嵌了一道金边，头部较小。成鳖个体最大甲长可达 350 mm（见彩图 12）。

11. 山瑞鳖

山瑞鳖，又叫山瑞，因喜欢生长在山区的小溪石缝中，故有"山珍"之称。在分类上属龟鳖目、鳖科，主要分布于我国的广西、广东、贵州、云南、海南等省区，是我国南方地区名贵水产品之一。体形与中华鳖十分相似，但肥厚，比一般的中华鳖大很多，生活于山地的河流和池塘中，以水栖小动物、软体动物、甲壳动物和鱼虾等为食。山瑞鳖营养丰富，肉质细嫩，味道比中华鳖更香美，是宴席上的高级珍馐。因其肉具有滋阴补阳、清热散结、益肾健胃之功效，骨板又是名贵中药材，卵白所含的鸡型溶菌酶对溶壁细球菌细胞壁有较强的溶解作用，所以药用价值很高。目前，我国山瑞鳖资源量较小，目前已被列为国家二级保护动物（见彩图 13）。

12. 淮河鳖

淮河鳖体薄片大，裙边宽厚；外表体色泛黄，无黑色斑点；腹部白里透红，可见微细血管；胶质多，黏结度好，口感醇厚；生性凶猛，牙尖爪利。食用之后可滋阴壮阳，明肝益肾（见彩图 14）。

第三节 发展潜力分析

据测算，我国有适于发展稻渔综合种养的低洼水网稻田和冬闲田近 1 亿亩，稻渔综合种养，尤其是水稻和特种水产品种（鳖、虾、蟹等）综合种养的发展前景广阔。如果能有效地开发利用，将会产生难以估量的社会、生态和经济效益。因此，稻鳖综合种养具有很大的发展潜力。

一、稻鳖综合种养可作为产业化发展的主导模式之一

根据"稳粮增效、以渔促稻、质量安全、生态环保"的发展目标，按照产业化要求，确立稻鳖综种养主导模式标准，重点对稻鳖综合种养主导模式进行总结和研究，不断集成适应于不同生态环境和地域条件的典型模式，并形成稻鳖综合种养技术规范。同时，集成稻鳖综合种养产业化配套关键技术和水稻稳产关键技术研究，按照规模化、标准化、品牌化发展要求，重点研究配套水稻种植、鳖的养殖、茬口衔接、水肥管理、病虫害生态防治、田间工程与管理、捕捞加工、质量控制等关键技术进行集成创新。在稻鳖综合种养模式中，确保稻田单位面积内水稻种植穴数不减，并充分发挥边际效应。

（一）加强稻鳖集成产业化配套关键技术研究

按照规模化、标准化、品牌化的发展要求，重点对水稻种植、鳖的养殖、茬品衔接、水肥管理、病虫草害防控、田间工程、捕捞加工、质量控制等关键技术进行集成创新。紧紧围绕水稻持续稳产的要求，加强稻鳖综合种养条件下的水稻品种筛选、水稻种植、水肥管理及田间工程等方面的技术创新。

（二）加强稻鳖综合种养关键技术参数研究

深入开展稻鳖综合种养相关技术应用理论研究，重点研究在保持水稻持续稳产、稻田综合效益最优的前提下，稻鳖综合种养产业化发展中水稻品种筛选、水稻种植密度、鳖的放养密度、沟坑控制面积等方面的最优技术参数，提出技术和模式的优化建议。

（三）积极开展稻鳖综合种养生态机理的研究

重点研究物质和能量在稻鳖共生系统中的转化及利用效率，揭示稻鳖共生系

统中水稻稳产以及对农药和化肥依赖低的生态机理。对稻鳖综合种养系统的生产力和生态效益进行研究，提出保障稻田系统稳定性的技术建议，对稻鳖综合种养发展潜力进行分析，为稻鳖综合种养发展规划提供依据。

（四）加快复合型农业科技和推广人员的培训

尽快建立由水产、种植、农机、农艺、农经、农产品加工等多方面专家组成的稻鳖综合种养技术协作组，深入一线，巡回指导，解决产业间相互支持、相互合作、相互协调、相互融合的生产和技术问题。组织编写统一培训教材，加大对骨干技术人员的培训。依托科技入户公共服务平台，积极构建"技术专家＋核心示范户＋示范区＋辐射户"的推广模式，提高技术到位率和普及率。

（五）建立稻鳖综合种养标准体系

组织研究制定稻鳖综合种养产业化发展相关标准体系，加快制定相关行业、地方和企业标准，明确稻鳖综合种养在稳粮、增效、质量、生态及经营等方面的技术性指标，明确技术性能维护要求和技术评价方法，逐步形成示范推广的标准体系。

二、稻鳖综合种养适应于农业供给侧结构性改革形势下家庭农场的发展

农业改革的重点是供给侧结构性改革，难点也在供给侧，必须下大力气推动种植业、畜牧业、渔业结构调整。我国的家庭农场模式刚刚起步，其培育发展是一个循序渐进的过程，免耕稻鳖综合种养模式在稻田绿色高效生产方面，充分利用了现有的耕地资源，具有减排、固碳及蓄水等显著生态效益。首先通过稻田灌溉方式和田间水位调节，可有效控制稻田杂草的生长；其次，稻田养鳖能够为稻田疏松土壤，改善稻田的通气状况，有利于水稻生长发育，鳖的捕食行为显著减少了稻纵卷叶螟和稻二化螟的数量，同时有预防稻瘟病和稻纹枯病发生的作用。从养殖角度看，一方面稻田能为中华鳖提供良好的生长活动场所，其摄食、晒背等活动范围远高于池塘精养模式；另一方面，通过人工模拟构建完善的食物网，减少饲料成本的同时，稻田养殖的产品的品质明显优于以人工饲料为主的养殖产品。因此，稻鳖综合种养对促进农民增收，发展绿色家庭生态农场具有积极意义。

三、加强稻鳖综合种养综合效益评价

通过水稻测产,开展稻鳖综合种养稻田和水稻常规单种稻田的综合效益分析。根据生产投入和产出情况,计算单位面积新增经济效益。从减少化肥和农药使用、提高稻田肥力、改善农村生态环境等方面评价生态效益。从提高农民种粮积极性、提高食品质量安全水平、促进农民增收、推进农村合作经济等方面评价社会效益,逐步建立稻鳖综合种养条件下水稻测产和稻田综合效益评价方法体系。

第三章　稻鳖综合种养技术

稻田养鳖是一种稻鳖共作模式，是在稻田养鱼技术的基础上，在同一块稻田上，利用稻田资源，将水稻和甲鱼有机结合的种养模式。通过稻田养鳖促进稻田物质循环和能量流动，采用不施肥、不用农药的方法，提高水稻和甲鱼品质。通过水稻和甲鱼共生互利，培育稻田循环经济，达到水稻和甲鱼同步增产、持续增效的目的。

稻田养鳖主要通过对稻田浅水环境的改造，进行稻鳖立体综合种养，以提高稻田单位面积经济效益和稻田复种指数。稻田中的害虫及大量的天然饵料资源如螺、蚬、水蚯蚓、摇蚊幼虫及水草可作为鳖的优良的动植物性饲料，鳖的粪便又可为稻田增加肥料。可实现稻鳖互利共生、化害为利，实现增产增效。本章主要阐述稻鳖综合种养技术。

第一节　环境条件

一、稻田选择

在进行稻鳖综合种养时，要根据鳖的特殊生活习性选择稻田。因鳖喜阳怕风、喜洁怕脏、喜静怕惊等特点，所以养鳖的稻田应选择环境安静，且远离噪声大的公路、铁路、厂矿等地方。地势应背风向阳、温暖、保水性能良好。稻田的排灌条件比较好，水源充足，能及时灌入清洁的水，排出污水，土质较好，渗水性能差。另外，还要注意饲料来源，交通运输及保证用电的供给等条件。力求环境适宜、饲料来源充足、交通方便。稻田选择的具体要求如下。

（一）水源水质条件

水源是稻鳖综合种养的先决条件之一。在选择水源的时候，首先要求水量充沛，包括养殖用水、水稻生长用水及生活用水，确保雨季水多不漫田，旱季水少不干涸。其次要求水质清新无污染，水质良好，符合渔业水质标准。水源为 pH

值在 6.5 ~ 8.0 的无污染中性或微碱性水质，稻田水体溶氧量在 4 mg/L 以上。水源要远离污染源，排灌看护方便，且无有毒污水和低温冷水流入稻田。

养殖用水的水源分为地面水和地下水，但采用何种水源都需要水量丰足、水质良好。如果采用河水或水库水等地表水作为养殖用水的水源，既要考虑设置过滤网以防止野生凶猛鱼类等敌害生物进入稻田，又要考虑所用地表水是否受到污染及水的质量，且所用水需经严格消毒后方能使用。如果没有地表水或自来水作为水源，则应考虑打深井取地下水作为水源。一般在地下 8 ~ 10 m 深处，细菌和有机物较少，但要考虑供水量是否能满足养殖的正常需求，所以要求在 10 d 左右能够将稻田注满且能循环用水一遍。用水前，需对地下水水质进行检测，以防重金属离子等有毒物质超标。因此，农田水利工程设施要配套，有一定的灌排条件。

（二）土壤土质条件

稻田的土壤与养殖用水直接接触，对水质影响很大，在实施稻鳖综合种养前，需对当地的土壤土质状况进行调查。一要土壤保水保肥保温性能好，还要有利于浮游生物的培育和增殖。二要场地土壤未被传染病或寄生虫病原体污染过。不同的土壤和土质对鳖的养殖成本和养殖效果影响很大。

生产上，稻鳖综合种养的稻田土质要肥沃，以壤土最好，黏土次之，沙土最劣。壤土肥而不淤，田埂坚实不漏水。黏土保持力和保水力强，渗透力小。沙质土或含腐殖质较多的土壤，保水力差，在进行田间工程或筑埂时易渗漏、崩塌。盐碱地碱性高，含铁过多的褐色矿质土浸水后会不断释放铁和铝等浸出物，会和磷酸盐和其他藻类必需的营养盐结合起来，沉入底泥，藻类无法利用，且施肥也无法肥水，对鳖生长不利，因此，沙质土、盐碱地及矿质土等均不适宜稻田养鳖。如果表土性状良好，而底土呈酸性，则在进行田间工程时，尽量不要触动底土。底质 pH 低于 5 或高于 9.5 的土壤地区不适宜进行稻鳖综合种养。

（三）场地规划要求

养鳖稻田需有一定的环境条件，不是所有的稻田都能养鳖。在场地规划时，要充分了解规划区的地形、水利等条件，有条件的地区可以充分考虑利用地势自流进排水，以节约成本。同时还应考虑洪涝、台风等自然灾害等因素的影响。一般地单块养殖区域控制在 0.5 ~ 1.5 hm²。由 4 块稻田集中连片组成，呈长方形（见彩图 15）。养殖用的田块能够实行规模种养，要考虑充分利用农田外三沟、生产河及田头自然沟塘，从而减少养殖稻田的田间土方工程量。田块需平整，周围无乔木。

（四）交通运输条件

养殖场选择要考虑交通运输便利，如饲料的运输、养殖设备材料的运输、鳖种及成鳖的运输等。如果稻田的位置太偏僻，交通不便，则会增加养殖成本，也会影响客户来往。

二、田间工程

田间工程主要包括环形沟、进排水系统、防逃设施、投饵台及产卵孵化台等几个主要部分。

（一）鳖沟与鳖溜

由于稻田的水位较浅，夏季高温时白天和夜晚温差较大，不利于鳖的生长，因此要根据田块形状大小在稻田中开挖供鳖活动、避暑和觅食的鳖沟和鳖溜。在保证水稻不减产的情况下，应尽可能扩大鳖沟和鳖溜的面积，最大限度地满足鳖的生长需求。目前鳖沟开挖方式主要有三种：一是环形沟。沿稻田田埂内侧四周开挖，沟宽 3 ~ 4 m、深 1.5 ~ 2.0 m，并在稻田四个拐角处各挖一个长 4 ~ 6 m、宽 3 ~ 5 m、深 1.2 m 鳖溜。大的田块可在中间再开挖稍浅些的"十"字形（图 3-1）、"田"字形或"卅"字形鳖沟（图 3-2）。环形沟的优点是方便投饲并防盗，但缺点是插秧机器进出不便，因此，可在环沟上修建宽 5 m 的机耕通道。二是中间沟（图 3-3）。即在稻田中间开挖条形鳖沟，宽 5 m 左右，长根据田块决定，沟深 0.6 ~ 1 m。中间沟的优点是比较隐蔽，并且方便鳖摄食，缺点是投饲不便。三是对角沟（图 3-4）。即沿稻田长边对角位挖两条鳖沟，一般面积 15 ~ 20 亩的田块，可开长 25 m、宽 20 m 的鳖沟，沟深 0.6 m 左右。但总的原则是鳖沟、鳖溜总面积占稻田总面积的 10% ~ 15% 左右，挖沟的泥土用于田埂的加高、加宽、加固等，泥土要打紧夯实，以增强田埂的保水和防逃能力。为方便运输，田埂应高出田面 0.5 ~ 0.8 m，基宽 5 ~ 6 m，顶宽 2 ~ 3 m。

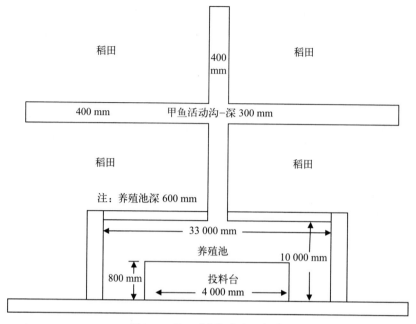

图3-1 稻田"十"字沟示意图

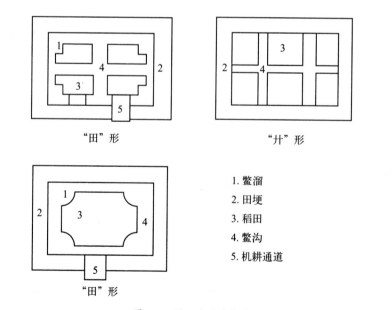

"田"形   "廾"形

"田"形

1. 鳖溜
2. 田埂
3. 稻田
4. 鳖沟
5. 机耕通道

图3-2 稻田平面结构图

图3-3　稻鳖生态种养中间沟意图

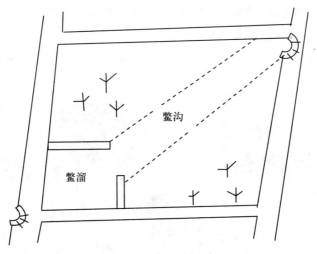

图3-4　稻田对角沟示意图

　　田埂基部至环形沟之间为操作台面，既可起到护坡防止田埂坍塌作用，又可以作为鳖的饲料台，还可以种植南瓜、土豆、丝瓜等作物，为鳖提供遮阴栖息场所、饲料来源。

　　鳖沟的位置、形状、数量、大小应根据稻田的自然地形和面积大小来确定。面积较小的稻田，只需开挖环形沟；面积较大的稻田，还需开挖中间沟或对角沟。环形沟宽些，中间沟和对角沟可以窄些。

（二）进、排水系统

稻鳖综合种养的进排水系统是非常重要的组成部分，进排水系统规划建设的好坏直接影响到稻鳖综合种养的生产效果和经济效益。进排水渠道一般是利用稻田四周的沟渠建设而成，对于大面积连片养殖稻田要建设独立的进排水总渠，各进排水支渠也应独立，严禁进排水交叉污染，以防止鳖病传播。要合理利用地势条件设计进排水自流形式，降低养殖成本。按照高灌低排的原则设置进、排水口，以确保水灌得进、排得出，定期对进排水总渠及各支渠进行修整消毒。一般地，进、排水口应分别设于稻田两端对角处，在稻田一端的田埂上建进水渠道或管道，进水口用20目的长形网袋过滤进水，以防止敌害生物随水流进入稻田。排水口建在稻田另一端环形沟的最低处，由PVC弯管控制水位，排水孔防逃网网目也为20目。进、排水口也可安装8孔/cm金属材料的防逃拦网（图3-5）。为防止夏季雨水冲毁田埂，可以在稻田低处开设一个溢水口，并用双层密网过滤，防止鳖逃逸。

图3-5　进、排水系统

（三）防逃设施

中华鳖具有用四肢掘穴和攀登的特性，易逃逸，因此设置防逃设施是稻鳖综合种养的重要环节。防逃设施应建在田埂和排水口处，可选用内壁光滑、坚固耐用的砖块、水泥板、硬塑料板或石棉瓦等材料建造。防逃墙高60～80 cm，埋入地下20～30 cm，每隔90～100 cm处用木桩固定。若采用硬塑料板或石棉瓦建造，应向池内倾斜15°埋入，不需建防逃反边。若采用砖块或水泥板垂直建造，则防逃墙需有 15 ~ 20 cm 的防逃反边。为防止中华鳖沿夹角爬出外逃，稻田四角转弯处的防逃隔离带需做成弧形。

（四）料饵台与晒背台

晒背台是鳖生长过程中的一种特殊生理要求，既可提高鳖的体温，促进生长，又可利用太阳紫外线杀灭鳖体表病原体，提高鳖的抗病力和成活率。饵料台与晒背台可合为一体。根据中华鳖的习性，在鳖沟的向阳沟坡处，每隔 20 m 左右搭设一个鳖专用饵料台（图3-6），供中华鳖摄食和晒背。一般地，饵料台宽 0.5 ~ 0.8 m，长 1.5 ~ 2.0 m，可采用水泥板、木板、竹板或聚乙烯板搭建。饵料台搭建要方便幼鳖觅食，其搭建方式多种多样：第一种方式是漂浮固定于水面；第二种方式是设成斜坡固定于环沟水面，使其一端倾斜淹没于水中 15 cm 左右，另一端露出水面；第三种方式是在田埂处倾斜设置，即一端搭在田埂上，另一端没入环沟水中 10 cm 左右。饵料需投在露出水面的饵料槽中，为防止夏季日光曝晒，可在饵料台上搭设遮阳篷。

此外，在田中央建一个长 5 m、宽 1 m 的产卵台（图3-7）。产卵台坡度比为 1:2，台中间铺放 30 cm 厚度的沙子，并在产卵台上搭建遮阳棚以防阳光直射和沙子中水分蒸发过快。

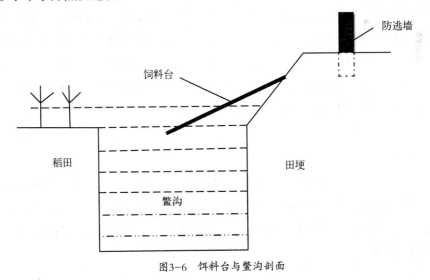

图3-6 饵料台与鳖沟剖面

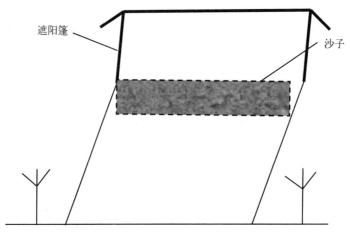

遮阳篷

沙子

图3-7　产卵台剖面

（五）稻田消毒与水草移栽

为杀灭稻田内有害生物和净化水质，在中华鳖苗种放养前半个月，必须对稻田进行消毒，以杀灭沟内敌害生物和致病菌，预防鳖、虾、鱼的疾病发生。一般每亩沟面积用生石灰100 kg带水对稻田进行消毒处理。稻田消毒7～10 d后，应在环形沟内移植栽适量的轮叶黑藻、金鱼藻、伊乐藻、马来眼子菜等沉水植物，或在水面上浮植水葫芦，或在沟边种植水花生，以净化水质，同时为中华鳖提供遮阳躲避的场所，但要控制水草移栽面积，一般水草面积占环沟总面积的20%～30%左右，种植方式以零星分布为好，不要聚集丛生，以利于环沟内水流畅通，并能及时对稻田进行灌溉。此外，夏季为避免阳光直射和影响中华鳖的正常生长，也可在环形沟四角的田埂坡上种植丝瓜、佛手瓜及葡萄等藤蔓果蔬，可起到遮阴效果。

除种植水草净化水质外，一般在每年的4月，还可向环沟内投放螺蛳、蚬、河蚌等软体动物，使其在稻田中自然繁殖，每亩投放量100～200 kg，既可净化水质，又能为鳖种持续提供丰富的天然饵料，有利于鳖种的生长，有条件的还可适量投放水蚯蚓。

第二节　水稻种植

一、稻种选择

稻鳖综合种养的稻田可选择种一季或两季稻，水稻品种要根据鳖的生长规格及起捕季节并结合土壤肥力进行选择，但一般选用单季稻为宜。

4月底至5月初种植的水稻，宜选择茎秆坚硬、叶片开张角度小、抗病虫害、不易倒伏且耐肥性强的紧穗型或穗型偏大的高产优质杂交稻组合品种，生育期一般以140 d以上为宜。6月及以后种植的水稻，一般推广的品种均可使用。但在水稻生长期应采用生物防控和灯光诱虫技术防治水稻病虫害，禁止对稻田施肥和喷洒农药，以确保幼鳖在良好的稻田生态环境中健康生长。10月及以后收割的水稻，宜选择感光性较强的水稻品种。对多年养殖中华鳖的稻田，底质肥沃，因此水稻品种以生育期早、耐肥性强、抗倒伏、抗病虫害、可深灌且株形适中的高产稳产早熟晚稻品种为宜，尤其是栽培上要求增施有机肥和钾肥且品质高的水稻品种为宜。以浙江地区为例，适宜的水稻品种主要有嘉禾优555、嘉优5号和甬优6号。目前稻鳖综合种养常用的水稻品种有扬两优6号、绿稻24、丰两优香1号等（见彩图16），由于各地水质、土质及气候不同，因此要根据当地的自然条件选择适宜本地区稻鳖种养的水稻品种，最好是能深灌且不需晒田的水稻品种。不论什么水稻品种，在栽插时均需采用窄行交替栽插的方法，窄行行距为40 cm，株距为18 cm，给鳖留出足够的生活空间，要根据水稻和鳖的生长需要适时调控水位。

一般地，单季稻播种时间为每年的4—5月中旬，移栽时间以5月为宜。具体时间根据当地气候条件、农事节点安排和水稻品种等条件作适当调整。

二、育秧管理

（一）工厂化育秧

工厂化育秧是利用现代农业装备进行集约化育秧的生产方式，是采用专用育秧设备在育秧盘内育秧，培育的秧苗均匀、健壮、整齐，为机械化栽插提供规格化、标准化秧苗。其工艺流程主要有育秧前准备、种子处理、播种、催芽及苗期管理等。

1. 育秧前准备

主要包括育秧棚与育秧地选择、秧田与本田比例及育秧棚和苗床规格的确定、育秧床土准备和苗床用土配制及苗床消毒等。

育秧地以地势平坦，水源方便，排水良好，背风向阳，土质疏松，偏酸性且无农药残留的旱田地为宜，秧田长期固定，连年培肥消灭杂草。秧田与本田比例一般为 1 :（70 ~ 90），即每公顷本田需育秧 70 ~ 90 m²，按照机插 450 ~ 500 盘 / hm² 用秧苗量进行育秧。

育秧棚育苗，苗床要求长 60 m、宽 6.5 m、高 2 m，步行过道宽 0.3 ~ 0.4 m。提倡采用秋整地做床，春做床的早春浅耕 10 ~ 15 cm 方法，打碎坷垃，清除泥土中的根茎，整平床面，用木磙压实，有利摆盘。床土最好在前一年秋天晚稻收割后利用空闲时间准备，经过冬天的熟化，在翌年的春天过筛或制成颗粒状床土。育秧用的床土要选择有机质含量高、偏酸的土壤，最好采集山地腐殖土或腐熟好草炭土，也可采集旱田土作为床土原料，但土中不能含有粗沙和小石块，以防损坏插秧机零部件。采土时，要先去掉表土层 3 ~ 5 cm，再取 10 ~ 15 cm 耕作层。采集的床土经过晾晒、含水量降低到 20% 左右时，用 4 ~ 5 mm 孔筛过筛，要妥善保管，防风、防雨，以备来年使用。

采集的床土需经过配制后方可用于苗床。不同土类按适当比例采集、过筛和混合，调酸调肥和消毒，使土壤的 pH 值在 4.5 ~ 5.5 范围内。要求配制成不沙、不黏的黏土壤或沙壤土，土质疏松，通透性好，有机质含量高，肥力强。土壤粒直径在 2 ~ 5 mm 的占 70% 以上，2 mm 以下的占 30% 以下。配制的床土，其养分调节适宜，氮、磷、钾三要素俱全。

床土消毒前需浇足苗床底水，即先喷 50% 床水，消毒后再用喷壶浇透苗床底水，使 15 cm 深床土水分达到饱和状态，含水量达到 25% ~ 30%。床土经消毒灭菌、无草籽后，方可播种。采用水稻育苗壮秧剂对床土进行施肥，一般地每袋壮秧剂（2.5kg）拌土 28 ~ 36 kg 床土，可育秧 70 ~ 90 盘，或按使用说明书进行配制。

2. 种子处理

种子处理包括晒种、选种、浸种、破胸等几个步骤。

（1）晒种。用于育秧的种子必须保证质量，一般要求纯度和净度均不低于

98%，芽率在 90% 以上，含水量不高于 15%。选种前选晴天将种子晒 1 ~ 2 d，每天翻动 3 ~ 4 次，然后采用 SDL-150A 型脱芒机对种子进行机械脱芒，糙米率小于 0.5%。

（2）选种。为提高种子净度，选种前需对种子进行筛选，主要是筛出草籽和杂质。种子经筛选后，用比重 1.13 的盐水进行选种，盐水的比重用比重计测定，或用鲜鸡蛋放入盐水中露出水面 5 分钱硬币大小即为标准比重，捞出秕谷，再用清水冲洗种子。或者用泥水选种。

（3）浸种。浸种可起到杀菌消毒的效果，并且可使种子吸收足够的水分，使种子含水率达到 25% 左右。浸种的方法：将选好的种子用 10% 施保克 3 000 ~ 4 000 倍液浸种，种子与药液比为 1∶1.25，水温保持在 15℃ 以上，每天搅拌 1 ~ 2 次，或浸种消毒累计积温 100℃ 为宜。浸种消毒后就可以进入破胸。

（4）破胸。破胸就是种子芽嘴刚刚露白。其方法为：将浸泡好的种子放在循环式或蒸汽式催芽机中，在 30 ~ 32℃ 恒温下催芽，达到破胸露白，芽长不大于 1 mm，否则应降温到 15 ~ 20℃ 晾芽。注意，破胸前不补水，破胸时要翻种，使种子均匀发芽，破胸后适当补水，做好通风增氧工作。

3. 播种

播种主要包括秧盘准备、播量确定、覆土与灭草、地膜与盖膜等。

（1）秧盘准备。若选用软盘育秧，则应先将软盘铺放在育秧床上，装底土 1.5 ~ 2 cm，浇透水。若选用硬盘育秧，可将播种硬盘直接摆放在棚中。选用半自动播种机或全自动播种机，播种效率高，播种均匀，有利于机械插秧。

（2）播量确定。水稻浸种后用 35% 丁硫克百威粉剂，每千克种子用药 8 g 拌种，然后播种。当气温稳定在 5 ~ 6℃ 以上时开始播种。采用稀播种方法，使种子发芽率在 90% 以上。因此，每盘播芽种 0.12 ~ 0.14 kg，但要根据水稻品种和质量酌情增减。

（3）覆土与灭草。播种结束后要进行覆土，覆土就是用土将种子盖实。方法：用过筛无草籽的疏松沃土盖严种子，覆土厚度为 0.8 ~ 1 cm。为防止土壤中残留草籽，可用苗床除草剂每袋 250 g，混细土 3 ~ 5 kg，进行封闭灭草，也可用丁扑合剂。

（4）地膜与盖膜。播种后在床面平铺地膜，保温保水，苗出齐后，立即撤掉

地膜。地膜盖好后，大棚需搭架盖膜，膜上拉绳将膜压紧，四周用土培严，拉好盖膜网带，设防风障。

4. 催芽

播种后要进行催芽。催芽即根据种子发芽过程中对水分、温度和氧气的需求，人工创造良好的发芽条件，达到种子发芽快、齐、均、壮等目的。方法：使用加湿加热器蒸汽适温催芽，温度控制在 30～36℃。催芽时，秧盘每 10 个一叠，各叠之间留有一定空隙，利于热气流通。催芽要求 3 d 内完成，发芽率达 90% 以上。适温催芽时，当芽长 10 mm 左右，幼芽粗壮、颜色鲜白时，在温室内缓慢降温炼芽，芽炼好后，再运到大田大棚硬化，以增强对秧田环境的适应能力，提高成活率（见彩图 17 和彩图 18）。

5. 苗期管理

主要包括温度及水分管理、灭草与疾病预防、苗床追肥及起秧等环节。

（1）温度与水分管理。在播种到出苗期过程中，应密封保湿。当出苗至一叶一心期，开始通苗，此时棚内温度不超过 28℃。当秧苗至 1.5～2.5 叶期，需逐步增加通风量，棚温控制在 20～25℃，严防高温烧苗和秧苗徒长。当秧苗至 2.5～3 叶期，棚温应控制在 20℃以下，并且逐步做到昼揭夜盖。在秧苗移栽前，需全部揭膜，炼苗 3～5 d，若遇到低温时，要增加覆盖物，及时保温。在整个育苗过程中，需加强水分管理。采用微喷设备，每个喷头辐射半径 3 m，还需配备补水井、水泵等喷灌设施。在秧苗 2 叶期前，一般地，原则上不浇水，只要保持土壤湿润即可。当早晨叶尖无水珠时需补水，当床面有积水时，要及时晾床。在秧苗 2 叶期后，若床土干旱，需早或晚进行浇水，一次性浇足浇透。揭膜后可适当增加浇水次数，但不能浇水上床。

（2）灭草与疾病预防。若苗床没有封闭灭草，当稗草 1.5 叶期时，用敌稗灭草，方法：每平方米用 16% 敌稗乳油 1.5 mL，兑水 30 倍，露水消失后喷雾，喷药后立即盖膜。同时注意预防秧苗立枯病和潜叶蝇。当秧苗 1.5 叶期，每平方米用移栽灵 1.5～2 mL 稀释 1 000 倍喷苗液。或用 3.2% 克枯星 15 g、10% 立枯灵 15 g、3% 病枯净 15 g 兑水 2.5～3 kg 喷苗，喷后用清水洗苗，以预防立枯病。起秧前 1～2 d，每平方米用 10% 大功臣粉剂 3 g 兑水 3 kg 喷雾，预防潜叶蝇。

（3）苗床追肥。当秧苗 2.5 叶期时，若发现脱肥，可对苗床适当施追肥。方法：每平方米苗床用硫酸铵 1.5 ~ 2 kg，硫酸锌 0.25 g，稀释 100 倍液叶面喷施，喷后及时用清水洗苗。如果带土移栽，则起秧前 1d 每平方米追施磷酸二铵 150g 或三料肥 250 g，追肥后清水洗苗。

（4）起秧。起秧前 1 d 要浇水，水量不能过大或过小，以第二天卷苗时不散、夹苗时苗片不堆为宜。即用手按下秧片以软又不硬为最好。要求随起随插，不得插隔夜秧。

（二）播种育秧

1. 塑盘育秧

塑盘育秧一般在 3 月 25 日前后，早稻抛秧前 25 d 左右播种。杂交稻每孔播谷种 2 粒，每亩大田需种子 1.5 kg，用 561 孔塑料秧盘 45 ~ 50 片。当秧厢做好后即可摆盘，横摆一排 2 片，或竖摆一排 4 片。秧盘要靠紧，摆放要整齐，钵体要入泥，不能悬空。

若用壮秧剂育秧，则按每片秧盘配备壮秧剂 14g 计算，每亩大田需壮秧剂 0.75 kg。方法是：先将壮秧剂与 20 kg 干细土充分拌匀，一半于摆盘前撒施在箱面上，施后将厢面泥土耙湖耙匀耥平，一半装入秧盘孔内，然后浇透水，播种，再用干细土盖土，再浇透水，并将秧盘面上的泥土清除干净。最后插竹片拱架盖膜，进行保温育秧。注意：壮秧剂要拌匀施均，不能过量，不能用拌了壮秧剂的泥土盖种，必须待湖泥或细土沉实后播种，播种后秧盘面的湖泥或细土必须清除干净（图 3-8）。

图3-8　塑盘育秧

2.旱床育秧

主要包括秧床整理与施基肥、土壤消毒、播种等。

（1）秧床整理及施基肥。播种前 3～5 d 晴天时，选择沙壤土旱田进行翻耕整理。每平方米秧床施硫酸铵 60～80 g 或尿素 26～35 g、过磷酸钙 80 g、氯化钾 40 g，施肥后需多次翻耕床土，使基肥和土壤混合均匀。施肥后开沟做厢，厢宽 1.2 m，沟深 0.3 m。若采用地膜平铺覆盖育苗，则厢宽应增加到 1.7 m。要求秧床上松下实，上细下粗，面平沟直。

（2）土壤消毒。在播种前，先用水浇透秧床，使苗床土壤水分达到饱和外溢为宜。再对土壤进行消毒，以防秧苗发生立枯病。方法：每平方米秧床喷洒 2 g 稀释 600～1 000 倍的敌克松药液，对土壤消毒后，再用包有塑料薄膜的木板或滚桶轻轻压平床面后播种。

（3）播种。要求分厢定量播种，力求均匀。播种量要根据秧苗移栽叶龄及前作茬口而定。一般地，冬闲田和绿肥田早稻秧苗宜在 3.5～4.5 叶移栽，每平方米苗床播刚露白的芽谷 190～240 g，三熟制早稻秧苗宜在 4.5～5.5 叶移栽，每平方米苗床播刚露白的芽谷 140～190 g。播种后用木板或滚桶轻轻压种，再盖上一层细土，使种子不外露，盖种后喷洒一次水，使表土充分湿透，并对露土地方补盖一层细土（见彩图 19）。

三、栽前准备

水稻大田栽前需做好精细耕整准备。栽前精细耕整一般包括耕翻、灭茬、晒垡、施肥、碎土、耙地、平整等作业环节，它是水稻高产栽培技术中非常重要内容。机插秧一般采用中、小苗移栽，因此机插秧对大田耕整质量以及基肥施用等要求相对较高。大田耕整质量的好坏，不仅直接关系到插秧机的作业质量，而且关系到机插秧苗能否早生快发。因此，机插秧大田精细耕整十分重要。

（一）机插大田耕整质量要求

机械插秧对大田耕整质量的总体要求：一是田面平整。在 3 cm 的水层条件下，高不露墩，低不淹苗，以利于秧苗返青活棵，生长整齐。若田面不平整，则低洼处水深使幼苗受淹，而高处缺水使幼苗干枯。一般地，耕整后大田表层稍有泥浆,表土硬软度适中,下部土块细碎用锥度计测定,锥顶穿透土层深度 8 ~ 10 cm 为宜。高性能插秧机虽有多轮驱动、水田通过性能好等优点,但如果耕作层过深,也会导致插秧机负荷加大,行走困难,甚至打滑,不能保证正常的栽插密度。此外高性能插秧机虽有液压仿形装置,保证机器有较低的接触压力,但整地次数过多,土层过于黏糊,不利于沉实,机器前进过程中仍然有壅泥情况等出现,以致影响栽插质量。二是田间应清除杂草、稻茬及杂物等,否则机器在前进过程中,残茬杂物会将已插秧苗刮倒。一般地大田耕整质量要求达到:犁耕深度 12 ~ 15 cm,旋耕深度 10 ~ 15 cm,不重不漏。田块平整无残茬,高低差不超过 3 cm,表土软硬度适中,泥脚深度小于 30 cm。泥浆沉实达到泥水分清,泥浆深度 5 ~ 8 cm,水深 1 ~ 3 cm。

(二)大田耕整方法

机插水稻大田要根据茬口、土壤等情况采取不同的耕整办法,同时要根据土壤肥力因地制宜施用基肥。基本原则是抢早耕整、适施基肥、适当沉实。

1. 适施基肥

秧苗移栽前 5 ~ 10 d,每亩施用粪肥 1 000 ~ 1 500 kg 或 25% 复合肥 50 ~ 80 kg,用以培肥地力。对于中等肥力的大田,每亩可施 25% 复合肥 40 kg 或 35% 水稻专用肥 30 kg 或 BB 肥 20 kg 作为底肥,先施肥再耕翻,以达到全层施肥,土肥交融。

2. 耕整工艺

不同类型的大田,耕整工艺不同。下面主要介绍茬口地耕整、冬耕或冬间板茬地耕整及冬水田耕整的耕整方法。

(1)茬口地耕整。耕整前需进行前茬秸秆粉碎。前茬作物收获时必须进行秸秆粉碎,并均匀抛撒。然后进行旱整,即在保持适宜的土壤湿度和含水率情况下,可采用浅耕、正(反)旋、耙茬三种方法灭茬,其中反旋灭茬方法较好,注意要尽量避免深度耕翻。茬口地耕整作业时,要控制耕整深度在 15 cm 以内,这样可保证耕深稳定,残茬覆盖率高,且无漏耕等现象。若地块不平,则需要增加一次交叉旱平,做到田内无暗沟、坑洼,大田高低差和平整度达标。如果田块面积过大，则在进行田块平整时，可以考虑采用激光平地技术进行旱整。如果暂时没有条件使用激光整地技术，对于高低落差大的田块，可将大田块划格作业，将大田隔小，进行平整，以达到相对范围内的旱整地质量达标。旱整后进行水整，即浅水灌入，将大田浸泡24 h后，进行水整拉平。如果条件适宜，也可在旱整后晾土至适度，再上水浸泡，这样大田不易形成僵土。可采用水田埋茬起浆机、水田驱动耙等设备进行水整。在水整中应注意控制好适宜的灌水量，既要防止带烂作业，又要防止缺水僵板作业。水整后大田地表应平整，去除残茬、秸秆和杂草等，以防止泥脚深度不一和埋茬再被带出地表。因为水整前旋耕灭茬等作业的深度浅于原耕作层，加上起浆平地，作业条件复杂，故埋茬深度应在4 cm以上，泥浆深度达到5～8 cm，田块高低差不超过3 cm。最后是沉实，水整后的机插大田必须适度沉实，沙质土沉实1 d，沙壤土沉实2～3 d，黏质土沉实4 d后进行机插，要求田表水层以呈现所谓"花花水"为宜。要严防深水烂泥，造成机插时壅水壅泥等现象。对杂草发生密度较高的田块，可结合泥浆沉淀，在耙地后选用适宜除草剂拌湿润细土均匀撒施，并保持6～10 cm水层3～4 d进行封杀灭草。

（2）冬耕或冬闲板茬地耕整。经过冬耕轮作的田地，可采取交切耙旱整，刮平后，进入水整。对地表残茬较少的未耕冬闲田，可以采取浅耕或旋耕旱整后，进入水整。对地表无残茬、冬耕整质量较好、地面平整的田地，也可直接进入水整。

（3）冬水田耕整。一些地区由于农民惜水，前茬晚稻收割后田间一直保水至早稻栽插。由于冬水田经过长时间冷水浸泡，土壤透气性差，还原性差，泥脚深，土壤温度较低，因此要利用晴天提前在田间开沟抬田，上肥后浅旋耕，抢晴好天气日晒增温，并于栽前3 d左右漫平沉实。

四、秧苗移栽

（一）小苗早栽

小苗移栽能提高低节位分蘖的发生率，发挥水稻的分蘖优势。育苗方式采用塑盘育苗或旱育秧，在秧龄15～18 d、叶龄2.5～3.5时移栽。要求从苗床取秧后尽快移栽，移栽时尽量小心，以减少秧苗损伤。

（二）单本稀植

单本稀植的目的是使秧苗生长空间变大，从而产生更多的分蘖，并促进根系发达，使根系能更好地从土壤中吸取养分。一般地要求每丛栽插1株，杂交籼稻每亩插0.7万～1.0万丛，杂交粳稻和常规粳稻每亩插1.0万～1.2万丛。

（三）大行栽插

5月育秧，6月中旬进行机插秧，大田栽插前可施农家肥或生物有机肥作基肥，不施用化肥，采用大垄双行（宽窄行）方法进行栽插，6月前后种植的水稻每亩插1万丛左右。一般机插秧的行距固定在30 cm，株距可根据不同季节、不同品种调整，以20 cm左右为宜，以便为鳖在秧苗行株距中爬行活动提供空间（图3-9）。

图3-9　水稻栽插（稻—鳖共作、轮作）

五、水稻管理

（一）水分管理

水稻在不同生长期对水位的要求不同，因此要控制好稻田水位。一是秧苗活棵返青期的水位控制：栽插后3 d内，晴天保持3～5 cm浅水层，阴天保持田间湿润，雨天及时排水。二是分蘖期的水位控制：中华鳖放养前，灌浅水3～5 cm，自然落干后再灌浅水。中华鳖放养后，保持田面5～10 cm浅水层，并根据水质经常更换田水。三是搁田控苗期的水位控制：当水稻茎蘖数达到预定穗数的

80% ～ 90% 时，开始搁田，田面干后 2 ～ 3 d 灌水，然后继续搁田，反复 4 ～ 5 次，搁田期间鳖沟需保持满水。四是孕穗抽穗期的水位控制：采取间歇灌溉，田面灌浅水 3 ～ 5 cm，自然落干后 2 ～ 3 d 后，再灌浅水，反复循环直到收获前 5 ～ 7 d 停止灌水。

（二）适施追肥

稻鳖综合种养，一般无需施追肥，若需施追肥，则需轻施。如果初次进行养鳖的稻田，则需要施追肥。肥料使用应符合 NY/T469 的规定，禁止使用对中华鳖有害的肥料，最好使用农家肥和生物有机肥。施肥的要求：一是大田耕整时，施足基肥。每亩施用商品有机肥 500 ～ 750 kg，或碳酸氢铵 30 ～ 35 kg 加过磷酸钙 15 ～ 20 kg。二是适当施用分蘖肥。栽插后 5 ～ 7 d，每亩施用尿素 5 ～ 7.5 kg。栽后 12 ～ 15 d，每亩施用尿素 10 ～ 12.5 kg，氯化钾 7.5 ～ 10 kg。三是酌情施放穗肥。根据苗情施穗肥，一般于倒 4 叶露尖时，每亩施用高浓度复合肥 7.5 ～ 10 kg。

（三）有害生物防治

鳖稻综合种养水稻的病害较少，但由于受周边环境的影响，必须做好水稻病害防治工作。按照"预防为主、综合防治"的植保方针，坚持以"农业防治、物理防治、生物防治为主，化学防治为辅"的无害化治理原则，农药使用应符合 GB/T 8321 和 NY/T 1276 的规定。一是草害防治。通过机插及水位控制来抑制草害，以后见杂草危害用人工拔除。二是病虫害防治。水稻病虫害主要有纹枯病、稻纵卷叶螟、褐稻虱、二化螟和大螟，可采用灯光诱虫方法防治病虫害。灯光诱虫是广泛应用于池塘养鱼及特种水产品养殖的增产措施之一，灯光诱虫在稻田养鳖中应用效果更好。一是稻田灯光所诱的害虫多为害虫成虫，对成虫的捕杀，可有效控制害虫的世代繁衍，防止稻田虫害的爆发，从而避免防治虫害所需化学农药的使用及对水体的污染。二是稻田的潜在诱虫量比其他养殖水体更大，可为鳖增加一定数量的活饵。三是灯光诱虫不会对诸如水稻二化螟、稻纵卷叶螟、稻飞虱、叶蝉的最大自然天敌——稻田蜘蛛产生伤害，因此灯光诱虫对稻田虫害的生物防治无明显副作用（图 3-10）。

图3-10 新型诱虫灯技术

稻鳖综合种养的敌害生物还有鸟类，可采用防鸟网技术进行预防（图3-11）。

图3-11 防鸟网技术

六、水稻收获

当水稻稻穗85%以上谷粒呈金黄色时，可开始收割水稻。一般地，在10月中下旬，对水稻进行机械化操作收割。收割前将稻田中中华鳖驱赶进鳖坑，避免机械压伤，待水稻收割完毕后，可陆续抓捕商品中华鳖进行销售。采用收割机收割后，可以播种大、小麦或者种植油菜，同常规农田稻麦二熟种植无异（图3-12）。

图3-12　机械收割水稻

第三节　幼鳖暂养与培育

在养殖生产过程中，一般把体重50g以下称作稚鳖，50～250g称作幼鳖，为了和其他水产苗种叫法一致，幼鳖也称作鳖种。鳖的生长发育一般经过稚鳖、幼鳖和成鳖三个生长阶段。在自然条件下，稚鳖饲养通常是指从当年8—10月稚鳖孵出，经过越冬期，至翌年5—6月这一生长阶段。幼鳖的生长是指从翌年6—7月到第三年夏季这一生长阶段。在温室养殖条件下，稚幼鳖的饲养是从稚鳖孵化出壳至翌年5—6月，生长时间缩短一半。

一、幼鳖池塘暂养

（一）幼鳖购置

鳖的人工养殖需要解决幼鳖的来源问题，目前养鳖业对幼鳖需求量大，仅靠从天然水域中收集野生幼鳖已远远不能满足生产需要，而且大小规格参差不齐，又带有各种病原菌，因此，要进行一定规模的生产，需要进行鳖人工繁殖，精心培养幼鳖。

1. 雌雄鳖的鉴别

鳖的雌雄鉴别方法较简单，一是根据鳖尾部特征来鉴别。雌雄鳖最明显的区别在于它们的尾部不同，雄鳖尾部粗壮且长而尖，成熟的雄鳖尾部能自然伸出较长的一部分到裙边外，而雌鳖尾部短而钝，不能伸出裙边外或可以伸出很少一部分。二是仅靠尾部特征若还不能完全将雌雄鳖区分开来，必须把鳖的尾部特征和鳖的背高结合起来分析。第一步，看尾部，尾短且裙边外看不见尾尖的，肯定是雌鳖；第二步，看背高，对于尾部都能伸出体外的，要看背高，同一大小的亲鳖，背部较高的是雌鳖，较平扁的是雄鳖。

达到性成熟的雌雄鳖还具有以下特征：雄性的背甲比雌性的圆，雌性两后肢间的距离比雄性个体大。在繁殖期间，雌性泄殖孔红肿，而雄性泄殖孔无红肿现象，泄殖腔内有锚状交配器，将其身体翻过来时，用镊子小心拨动就可以看见。

2. 幼鳖购置

幼鳖（见彩图 20）养殖是养鳖生产中十分重要的阶段，它是承接稚鳖养殖和育成商品鳖的重要环节，直接影响到成鳖的养殖成效。因此，要重视幼鳖购置。在购买幼鳖时，要选择规格整齐、品质优良，无残缺、无病无伤，裙边宽厚，行动敏捷、体质健壮，体薄且体表光洁富有弹性的幼鳖。

（二）池塘设施

1. 环境要求

池塘周边生态环境良好，安静，无噪声，周围无乔木林，光照充足，水通电通路通，交通便利。水源充足、无污染，水质良好，进排水设施完备，排灌方便。

2. 暂养池要求

幼鳖的养殖介于稚鳖和成鳖之间，其对环境变化的适应能力逐步增强，因此幼鳖池暂养池的建造和使用有一定的灵活性。一般地，幼鳖暂养池塘要求底部平坦，淤泥厚度为 10 ~ 20 cm 或铺沙子，池塘坡比 3∶1，平均水深 1.0 ~ 1.5 m，面积最好控制在 300 ~ 500 m²，配备好占池塘总面积 1/10 幼鳖休息台和饵料台，饵料台可设置为框架结构，用木板或石棉瓦架设在水下 10 cm 处，坡度为 25°，最好设置多个饵料台，以防幼鳖争食时争夺与撕咬（图 3-13），池塘四周应设置防逃墙，以防止幼鳖外逃（图 3-14）。

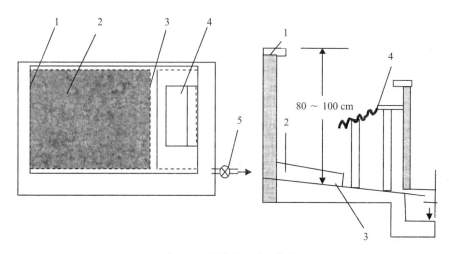

图3-13　幼鳖池设施示意图
1.防逃反边；2.河沙；3.拦沙墙；4.摄食场、休息场；5.排水管

图3-14　幼鳖池

3.放养前准备

幼鳖放养前，检查并修正好池塘进排水设施，对池塘进行彻底消毒，每亩用生石灰120 kg化浆泼洒，待生石灰毒性消失后，幼鳖方可入池。也可在池边栽种藤蔓类作物，并搭棚架，以利于夏季幼鳖遮阴。

（三）放养密度

暂养的幼鳖要求体质健壮、无病无伤，同一池塘内放养的幼鳖需大小一致、规格整齐，以防大小混养引起相互残杀。幼鳖放养密度要根据幼鳖的规格不同而异，若平均体重小，则放养密度大，若平均体重大，则可逐步降低养殖密度。具体放养密度还要结合放养时间、养殖设施条件和技术水平等实际生产因素来确定。一般地放养规格 50 g / 只左右的幼鳖，放养密度为 30 ~ 40 只 / m²；80 g/ 只左右的幼鳖，放养密度为 20 ~ 30 只 / m²；若放养 100 g/ 只左右的幼鳖，则其放养密度可控制在 15 ~ 20 只 / m²。为提高幼鳖成活率，放养前要先在池边用池水泼洒幼鳖体表，让幼鳖适应池塘环境，再用 4% 的食盐水或 20mg/L 的高锰酸钾溶液浸泡消毒 10 ~ 15 min。入池时要将幼鳖多点放在池水边，让其自行爬到池内，不宜将幼鳖直接倒入池中，以防损伤鳖体。

（四）饲料投喂

由于鳖是以动物性饲料为主的杂食性动物，所以在鳖的整个饲养过程中，要以投喂蛋白质含量较高的新鲜动物性饵料如野杂鱼、螺蛳、虾及新鲜动物内脏等为主，辅助投喂新鲜南瓜、菜叶、水草等植物性饲料。

幼鳖在池塘养殖条件下，生长期较短，6—9 月水温较高，是其生长旺季，也是最适生长期，因此要投足投优饵料，促进其健康生长。幼鳖投喂要按照"定点、定时、定质、定量"的原则进行科学投喂，定点：即在幼鳖池内要多点搭设食台，将饲料投喂在食台上，既便于检查观察幼鳖的吃食情况，又可避免饵料散失浪费。食台同时可作为晒台，供幼鳖晒背。定时：即每天按时投喂饵料。由于幼鳖养殖前期和后期水温较低，幼鳖摄食量少，此时投喂量应少。一般地，当水温达到 18 ~ 20℃时，每 2 d 投喂 1 次；当水温达到 20℃以上时，每天上午 10：00 左右投喂 1 次；在养殖中期，由于气温较高，水温也较高，幼鳖摄食量大，因此，应增加投饵次数和投饵量，每天上下午各投喂一次，一般地上午 8：00—9：00、16：00—17：00 进行投喂。定质：即投喂的饲料要求优质新鲜、适口性好、蛋白质含量高、营养成分全。要以幼鳖的配合饲料为主，鲜活饵料为辅。对于新鲜动物饲料，如小杂鱼、螺蚌肉及动物内脏等，需经过加热或采用 4% 的食盐水消毒，再加入新鲜蔬菜绞碎后拌入饲料中进行投喂，还要适当添加 3% ~ 5% 的植物油。定量：当池塘水温高于 18℃时，幼鳖开始摄食，此时可以投喂。要根据水温进行定量投饵，一般地，4—5 月，水温较低，日投饵量可按鳖体重的 3% ~ 5% 估算；6—9 月水温较高，幼鳖摄食量增强，日投饵量按体重的 5% ~ 10% 估算；

10月以后，随着气温不断下降，日投饵量应降至鳖体重的 3% ~ 5%。但在生产实际中，要根据饵料种类、幼鳖生长和吃食情况、天气及水质等及时调整投喂量，若晴天、水质好且在生长旺季，则可适当多投。若水温低，阴、雨、闷热天或水质恶化等要少投或不投，通常投喂的饵料以在 1.5 h 内吃完为宜，确保幼鳖能够吃饱吃好。

（五）水质控制

幼鳖对水温的变化十分敏感，其适宜生长温度为 25 ~ 32℃。在适温条件下，幼鳖对饵料利用率高，生长速度快，因此在池塘养殖过程中，要随着季节、气温的变化及时调整幼鳖池的水位，尽量使水温保持或接近其最适生长温度。

幼鳖池塘的水质以茶褐色为宜，透明度保持在 30 cm 即可，池水始终保持"肥、活、嫩、爽"。幼鳖入池前要施足优质有机肥，使池水变成绿色，保持适量的浮游生物。要经常察看水色变化，水质过肥时，适当加换新水或施生石灰调节水质。幼鳖池水质要根据季节、水温及池水变动状况等多方面因素适时调控，一般地，在春、秋两季，池水深度保持在 0.8 ~ 1.2 m，随着水温升高和幼鳖个体的生长，应逐步提高水位。在 6—9 月的生长旺季，由于水温较高，投饵量较大，鳖摄食旺盛，残饵和排泄物增加，水质不稳定，因此池水深度保持在 1.6 m 以上，确保水温相对稳定。为控制水质，要求每 15 d 加注 20 cm 新水一次，每月换水一次，每次换去 20% ~ 30% 的老水，换水时，不宜大排大灌，注意温差调控，以免引起幼鳖应激反应。

幼鳖池水质调控要注重生物生态调控方法。池内可设置生物浮床，浮床内种植水芹菜、水葫芦、水花生及浮萍等水生植物，要求生物浮床面积不超过幼鳖池总水面的 1/4。生物浮床既能增加幼鳖池内水体的溶解氧，吸收水中氮、磷等营养盐，净化有毒有害物质，又能给幼鳖提供栖息、晒背和遮阴场所。同时每隔 15 d 每亩用生石灰 10 ~ 15 kg 化水全池泼洒，以调节水质。为降解幼鳖池水体中的有毒有害物质，可定期向池内泼洒光合细菌、硝化细菌或 EM 菌等微生物制剂和底质改良剂，改良池塘底质，维持良好的水体环境，促进幼鳖健康生长，保证池塘溶解氧达 4 mg/L 以上，氨氮不超过 5 mg/L，pH 值在 7.0 ~ 8.5，水体透明度保持在 30 cm 左右，基本达到无公害淡水养殖水质标准。

幼鳖饲养一段时间后，个体大小参差不齐，要做好筛选分养，及时分池，降低密度，提高生长速度。

二、幼鳖的温室培育

鳖是变温动物，其生长速度主要取决于营养和水温。日本和我国台湾采用全年加温控温方法，14 个月就可养成商品鳖规格，而室外常温条件下则需 4 ~ 5 年。据报道，稚鳖在室外常温下越冬成活率只有 20% ~ 30%，而在温室里越冬成活率可达到 70% ~ 80%。在温室内越冬，水温控制在 25 ~ 30℃，鳖不再冬眠，活动自如，摄食旺盛，经过 5 个多月的越冬期，越冬前平均只有 5.5g 的稚鳖可长到 100 ~ 200 g。

（一）塑料棚温室

室内鳖池可以是土池，也可建水泥池。保温塑料棚内培育池一般为土池，加温培育池则为水泥池。对于保温塑料棚，一般不加热，而是通过覆盖塑料薄膜，使棚内土池与外界空气隔绝，减少棚内热量散发和棚外冷空气的侵入，通过合理的采光克服低温，延长幼鳖的生长期，减轻幼鳖越冬期的冻害。一般地，塑料棚内水温比棚外水温高出 5 ~ 8℃，棚内保温池可延长幼鳖生长期 2 个月左右，成活率可提高到 50% 以上。

塑料棚保温池面积一般为 20 ~ 100 m²，要求建在地势低的背风处，池深 1 m 左右，水面低于地面，保温池四周堤埂高出地面 15 ~ 25 cm。池子上方有竹木或镀锌管、混凝土桩等材料为骨架搭建成"人"字形棚架，顶上覆盖塑料薄膜，薄膜与地面相连接的四周有泥土封密。或保温棚四周用土筑成高 0.5 ~ 1 m、宽 0.5 ~ 0.8 m 的土墙，在墙上搭架，架上铺设塑料薄膜，这种保温棚保温效果更好，抗风力强。当气温下降到 5℃ 以下时，夜晚应在塑料薄膜上铺设一层厚草垫子，白天光照强度较好时，可揭开垫子，增加棚内光照，提高棚内温度。温棚以南北向为宜，采光均匀，受光照面积大。

加温塑料棚采用水泥池，由于是供热加温，培育池不宜大，棚内可建多个小型水泥培育池进行加热，使池水温度保持在 25 ~ 30℃。但加温塑料棚必须采取隔热措施，通常是在棚的四周建一定厚度的隔热墙，铺设两层塑料薄膜，且两层

薄膜之间有一定空隙。

塑料保温棚须安装通风换气装置，越冬期间，若天气晴好，打开通风换气装置，增加棚内氧气，排出棚中污浊空气。

（二）玻璃温室

玻璃温室墙采用砖砌水泥抹面，上面安装单倾屋顶，向南倾斜，有利于采光和防风。屋顶安装单层或双层玻璃。温室一侧开一小门，另一侧设通风窗一个。冬天低温时，在玻璃上面加盖一层草帘，天气晴暖时，打开草帘透光，提高棚内温度。玻璃温室培育池面积一般较小，为 $20 \sim 80 \ m^2$，采用砖砌水泥抹面池，这种造价较高，目前使用较少。

三、幼鳖的稻田培育

（一）放养密度

选择大小一致、规格整齐的幼鳖同放一池，放养密度为：个体规格 $40 \sim 50 \ g$，密度为 $40 \sim 50$ 只 / m^2；个体规格 $70 \sim 80 \ g$，密度为 $30 \sim 40$ 只 / m^2；个体规格 $80 \sim 100 \ g$，密度为 $20 \sim 30$ 只 / m^2。放养密度根据饵料及稻田具体情况而定，但放养密度随体重增大而减小。

（二）饲料投喂

幼鳖投喂以幼鳖专用配合饲料为主，辅以鲜活饵料，如野杂鱼、螺、蚌等。将各种鲜活饵料搅成糜状，与配合饲料及 3% 蔬菜叶用水（100 g 干料加水 100 mL）搅拌均匀，做成面团投喂到饲料台上近水处，供幼鳖摄食。投喂量以幼鳖在 2 h 内吃完的干、鲜饲料重量为准。

（三）日常管理

1. 水稻管理

水稻的管理主要水稻病虫害防治及田间水位的管理。根据水稻不同生长季节对水位的需求，适时调整控制好稻田水位。一般地，前期以浅水为主，稻田采用"干干湿湿"的方法控制水位。到 9 月中旬以后，要以深灌为主，因为此时是稻纵卷叶螟和褐稻虱高峰期时，病虫害对水稻危害最严重，稻田灌满水有利于鳖消灭虫害。后期要开通排水沟，根据水稻收割时间及时烤田。此外，为做好病虫害的防治，在稻田中安装灭虫灯，灯光诱灭害虫，一般地要求每天开 10 h 左右。到 10 月 10 日前后，需排水搁田，直至稻田搁硬时为止。搁田时将鳖板反向放置于池边，以便于鳖从稻田逐步爬上鳖板而翻入鳖沟。

对于晚稻插种返青后，实行浅水灌溉，利用鳖昼夜不息地觅食活动来除草驱虫，对于残留的少量的杂草可以人工拔除。7 月中下旬，稻苗封行后，可采取多次轻搁田，促进稻苗根系扎深。一般情况下，不使用化肥，若是新的稻田改造而成的田塘，在插播前施有机肥 7 500 kg/hm^2。

2. 鳖的管理

鳖的管理主要包括巡塘、防逃、投饵消毒及水位和水质控制。每天要坚持早、中、晚三次巡塘，主要检查观察幼鳖的活动、摄食及生长情况，根据鳖的摄食情况，适时调整投喂次数和投喂量，若有病死幼鳖，应及时捞取进行无害化处理。要经常检查防逃设施及进、排水口情况，及时清理水体中的残饵和杂物。每天定时消毒饵料台上的食场，每隔 15 d 用漂白粉 2 ~ 3 g/m^3 或生石灰 20 ~ 30 g/ 亩交替对鳖沟进行水体消毒，以保持水位稳定和水质清新。要经常检查鳖沟和大田水位变化情况，尤其是夏天，由于气温高，水分蒸发快，因此要根据水位情况及时补充新水，但是在加注新水时，水体温差不能过大，一般要求不超过 4 ~ 5℃，以免因温差过大对幼鳖产生伤害。在不影响水稻生长情况下，要适当加深稻田水位，一般稻田水深应控制在 15 ~ 20 cm。

此外，在进行鳖的管理时，必须做好健康养殖日志，详细记录天气、水温、水质、饵料、病死鳖、病害防治及捕捞销售等情况。同时还要做到防浮头、防逃、防盗、防毒及防病害等"五防"工作。

3. 病虫防控

（1）防控原则。坚持"预防为主、防重于治、无病早防、有病早治"的病害防治方针，切实做到"四消"，即池塘消毒、工具消毒、食场消毒、鳖体消毒。

（2）防控方法。在 6—9 月鳖的生长旺季，可使用 EM 菌，调节净化水质，使水体的透明度在 25 ~ 35 cm，溶解氧浓度在 4 mg/L 以上，氨氮不超过 5 mg/L。

每隔15 d每亩使用生石灰20 ~ 30g或1 mg/L漂白粉交替对全池泼洒一次进行消毒，如雨水多，突变天气情况多，可适当增加消毒次数。在高温季节，可针对性地添加高效低毒的中草药，从而最大限度地减少鳖疾病的发生。

除水质调控外，还要保持所投喂的饵料新鲜，不投喂腐烂变质的饲料，每隔15 d按每50 kg饲料拌250 g大蒜做成药饲进行投喂，注意要用搅拌机搅碎成"团块"，投喂于食台上，以防肠炎病。每月用0.7 mg/L硫酸铜和硫酸亚铁合剂全池泼洒一次，以预防寄生虫病的发生。

采用稻鳖共生模式，晚稻一般不需要防治病虫害。在田间增设诱虫灯或害虫诱捕器，田边种植芝麻、向日葵、大豆等蜜源植物，改善天敌生存环境，可有效防治害虫的发生。由于稻鳖共生模式的晚稻种植密度较稀，水稻纹枯病等病害发生会很轻，一般不需要防治（见彩图21）。

四、幼鳖起捕

幼鳖起捕的方法很多，主要有干池捕捞、网捕及笼捕等。

（一）干池捕捞

即排干池水，将幼鳖全部捕起。起捕前一天停食，清除池内悬浮植物和幼鳖隐藏的场所，然后排干池水，让幼鳖钻入泥沙中，掀开泥沙捉鳖。少数钻入泥中的鳖，可根据鳖的爪印和呼吸留下的孔眼，跟踪掘捉2 ~ 3次即可基本捕完。或等到夜间待鳖自动爬上淤泥后，再用手电筒照捕（图3-15）。

图3-15 干池捉鳖

（二）网捕

在幼鳖池中放入泥沙之前，预先放入一张密网垫底，然后在网上铺一层厚5 cm左右泥沙，再进水放养鳖。当鳖长成幼鳖规格后起捕。起捕时，多人同时提起密网四角和中间网片，同时冲水，让泥沙漏掉，鳖全留在网内，然后迅速移入盛有20 mg/L的高锰酸钾水池内，连网一起消毒15 ～ 20 min。捕捉时动作要迅速，收网要快，以防鳖类钻泥。在鳖摄食生长旺季不宜采用网捕。因为网捕规模大，动作大，声势大，需要人手多，易使鳖受惊吓钻泥，不摄食而影响生长。

（三）笼捕

主要是在鳖笼内放入动物内脏、蚯蚓等诱饵，当鳖嗅到诱饵散出的香味时，自行爬入竹笼而捕获。鳖笼子用竹篾编制，两端留口，以硬竹签在入口处倒插成倒须，使鳖只能进不能出。笼捕数量不多，但对鳖摄食生长惊扰小，可适合少量捕捞。

幼鳖捕捉方法要依据需要量而定。若需要量小，可采用笼捕方法。若需要量大，可采用干池捕捉或网捕方法，或晚上以灯光在岸边照捕，一般可全部捕获，也可采用此法对亲鳖和成鳖进行转池捕捞。

（四）捕捞时注意事项

1. 动作轻快，不伤鳖皮

因为幼鳖的皮肤很嫩，所以起捕幼鳖的工具要光滑无毛刺，在掀起泥沙捉鳖、清水冲洗、药物消毒和放鳖下池时，动作都要轻快。

2. 大小分开

幼鳖起捕后，需大小分开装运、分开饲养，以免相互撕咬，造成鳖体伤残而感染疾病。

3. 消毒及时

起捕后准备运输或分池饲养的幼鳖，需立即使用高锰酸钾溶液进行鳖体消

毒，然后将幼鳖放入盛有浮萍或水葫芦的水池中暂养，鳖很快钻进浮萍或水葫芦中，可避免发生相互撕咬。此外，分池饲养前，需将幼鳖再次消毒，然后过数入池。

第四节　水稻中华鳖种养管理

水稻中华鳖种养过程即稻鳖共生过程，主要生产流程包括稻田准备、水稻育秧、鳖种选择与放养、水稻机插、稻鳖共生和成鳖起捕等各个环节（图3-16）。从水稻生育期来看，包括播种期、插秧期、生长期、灌浆期、成熟期等几个阶段（图3-17）。从鳖生长过程来看，包括鳖种放养、稚幼鳖放养到商品鳖养成起捕整个过程。稻鳖共生就是水稻生长时期及鳖的生长过程有机结合起来，互生互利，增收增效。

图3-16　稻鳖共生主要生产流程

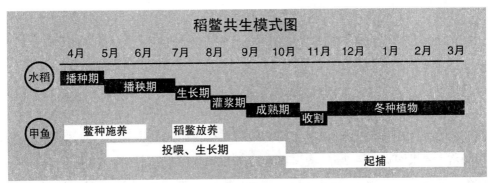

图3-17　稻鳖共生模式图

稻鳖综合种养就是利用稻田的浅水环境，通过对稻田工程的人工改造、仿生态环境的建立，使稻田既能种稻又能养鳖，从而达到稻鳖立体综合种养、提高稻田复种指数和单位面积经济效益的目的，它是一种现代生态循环农业生产方式。可采用单季稻养鳖或双季稻养鳖两种形式，不同地区要根据当地具体的气候条件和土壤水环境情况来确定。双季稻是指在一年内在同一块土地上可以播种并收获早、晚两季水稻，在我国大部分地区的自然条件都能满足双季稻生长的需要，都能种植双季稻，也可以种植再生水稻。在这种模式下进行稻鳖综合种养，稻鳖互利共生，可以实现增产增效，稳粮增收。

一、稻田准备

（一）稻田选择

根据稻鳖共作生产原理、流程及鳖的生态习性，稻鳖综合种养稻田的土质以通透性好的黏性土壤为佳，能够保水保肥。要求排灌方便，能高灌低排，稻田所在位置交通便利、地势平坦，周围无高大乔木森林。水源充足、水质良好，远离污染源。稻田面积易大不易小，一般是 50 亩以上的成片良田。对于矿质土壤、盐碱地、沙土地、土质瘠薄、面积过小的田块不适宜开展稻田养鳖。针对中华鳖对水质的要求，水源的 pH 值在 6.5 ~ 8.0，稻田中的溶解氧含量为 4 mg/L 以上。

（二）稻田改造

1. 环沟（鳖沟）与鳖溜建设

稻鳖共生的稻田水位较浅，夏季温度高，早、晚温差大，不利于鳖的正常生长，因此，需在稻田田埂内侧四周开挖环形沟（鳖沟），大的田块中间还需开挖田间沟。环形沟既可作为低水位或水稻晒田时鳖的栖息地，也可作为夏季高温时鳖的隐蔽遮阴场所。在保证水稻不减产的情况下，开挖的环形沟和田间沟面积应尽可能增加，一般地，环沟面积应占稻田总面积的 10% ~ 15%。

开挖方法：沿稻田四周距田埂 2 m 处开挖环形沟，沟宽 3 ~ 4 m，沟深 1.5 ~ 2.0 m。若稻田面积在 100 亩以上的，则需在田块中间开挖"十"或"廿"字形田间沟，要求沟宽 1 ~ 2 m，沟深 0.8 m，如果田块面积过小，则不需开挖田间沟。此外，在稻田四角处还需开挖长 4 ~ 6 m，宽 3 ~ 5 m，深 1.2 m 的鳖溜。为方便机械作业，在稻田一角环沟处需留 5 m 左右的机耕通道，可在机耕通道下方建管涵连接鳖沟。

2. 筑埂

开挖环形沟的泥土用于加固、加高、加宽田埂。为防止田埂渗漏或坍塌，在加固田埂时，要求每加一层泥土都要进行夯实。所建田埂需高出田面 0.5 ~ 0.8 m，埂基宽 5 ~ 6 m，顶部宽 2 ~ 3 m，以方便物流运输。

3. 防逃设施

为防止鳖外逃，在稻田田埂和进、排水口处均应建设防逃设施。田埂上的防逃墙可用硬塑板或石棉瓦等材料建造，使用石棉瓦建造防逃墙时，对规格 1.8 ~ 0.6 m 的石棉瓦，可将其长度锯成两半，向池内倾斜 15° 埋入地下 20 ~ 30 cm，并把相邻的瓦片上端用钢丝串联固定，建成的防逃墙高应在 60 ~ 80 cm，并且防逃墙四角转弯处应做成弧形，以防鳖逃逸。进、排水口防逃网均安装 20 目的网片或钢丝网（图 3–18）。

图3-18　稻田鳖溜和防逃设施

4. 进排水系统

稻田进排水系统建设要结合开挖环沟综合考虑。进水系统与排水系统应分设在稻田两端，同样进水口与排水口也分别设于稻田两端。在稻田一端的田埂上可开挖进水渠道或建进水管道作为进水系统。排水系统应建在进水系统的另一端，排水口需设在稻田环沟最低处，采用 PVC 弯管来控制水位，要求排水口能够排干稻田所有的水。按照高灌低排的格局，保证水灌得进，排得出。在进水口上需用 20 目的长形网袋过滤水源，防止敌害生物随水流入稻田。也可在稻田进、排水口处设置拦鳖栅，以防中华鳖逃逸。拦鳖栅可设计成 "<" 形或 ">" 形。进水口凸面朝外，出水口凸面朝内，既增加了过水量，又使之坚固，不易被冲垮。

要充分利用田埂基部至环形沟之间为操作台面。在操作台上，沿着环沟每隔 3 m 设置一个食台，用长 1.8 m，宽 0.75 m 的石棉瓦斜置池边放入水中。此外在操作台面上，还可种植丝瓜、南瓜、土豆、花生等作物，为鳖提供遮阴栖息场所及饵料来源。操作台面可起到护坡作用，可防止阴雨天田埂坍塌。

5. 水草种植

在环沟内种植水草，人工建造仿生态环境，有利于鳖健康生长，提高鳖的品质。种植水草前，要对稻田环沟进行彻底清池消毒，先排水清池，再每 100 m² 水体用生石灰 10 kg 进行消毒；若带水清池，则生石灰用量需增加到 20 kg；如果用漂白粉清池，其每 100 m² 用量应分别为 1 kg 和 2 kg。

在消毒 3~5 d 后，可在环形沟内移栽水生植物为鳖生活栖息建立仿生态场所。移植的水草品种可为轮叶黑藻、马来眼子菜、伊乐藻、菱角和水花生等，相邻两束水草之间种移植距离应在 3 m 以上，移植面积需控制在环沟总面积的 1/3 左右。

在幼鳖投放前，可在环沟内再投放螺蛳、河蚌等鲜活饵料生物，一般地，每亩投放 100~200 kg 活螺蛳、70 kg 河蚌等。既可净化水质，又能为鳖提供丰富的天然饵料。此外，在稻田内配备频振杀虫灯对趋光性害虫进行诱杀，也可为鳖提供营养丰富的天然饵料。

幼鳖喜沿防逃墙基部无止境地爬行，如中间没有阻拦，则可能整夜一直处在爬跑状态，而无意回到田块中栖息，易导致幼鳖消瘦，体质下降，引发疾病。因此在防逃墙内，每隔 100 m 处还要设置与其垂直的分隔拦网或阻隔墙，其作用就是使鳖在池边爬行一段时间后就能再回到环形沟中休息或觅食。

6.饵料台和晒背台设置

根据中华鳖的生活习性,在鳖沟两侧每隔 10 ~ 15 m 均应设置一个饵料台(兼作晒背台),以增加鳖觅食、晒背场所。饵料台长 3 m,宽 0.5 m,一端在埂上,另一端放入水下 5 ~ 10 cm。

（三）稻田整理与基肥施用

稻田整理时,若田间存有幼鳖,为避免整理时造成幼鳖伤害,可采用稻田免耕抛秧技术,稻田"免耕"是指水稻移植前稻田不经任何翻耕犁耙。也可采用加固子埂办法,即在环沟内侧的田面,构建并加固一圈高 30 cm、宽 20 cm 的土埂,将环形沟和田面分隔开,以便于田面整理。为防止环沟中幼鳖因长时间密度过大、食物缺乏而造成病害和死亡,稻田整理的时间要尽可能缩短。

秧苗移栽前应施足基肥。施肥的基本要求是重施基肥,轻施追肥,重施农家肥或生物有机肥,轻施或不施化肥。长期养鳖的稻田,由于稻田中存有大量腐烂的稻草和鳖的粪便,为水稻提供了足量的有机肥源,故一般不需施肥。若是第一年养鳖的稻田,则可以在插秧前的 10 ~ 15 d,施足基肥,一般地每亩施农家肥 200 ~ 300 kg,尿素 10 ~ 15 kg,要均匀地撒在田面并用机器翻耕耙匀。

（四）大行秧苗栽插

一般 5 月育秧,6 月中旬开始栽插秧苗。养鳖稻田宜推迟 10 d 左右进行机插或抛秧。无论是采取机插还是抛秧法,都要充分发挥宽行稀植和边坡优势技术。为了给鳖在秧苗行株距中爬行提供足够的活动空间,栽插时应采取浅水和大垄双行（宽窄行）交替栽插的方法,要求每亩 1 万丛左右,株距为 18 cm,宽行行距为 40 cm,窄行行距为 20 cm。这样,即使是在水稻分蘖抽穗期,稻田中仍然给幼鳖留有较大的活动空间,可确保幼鳖生活环境通风透气且采光性好,这种栽插方法对鳖的生长非常有利,同时减少了水稻纹枯病和稻瘟病的发生。

二、幼鳖入田

稻田养鳖在选择鳖种方面比池塘养鳖的要求高,规格小于 50 g/ 只的稚鳖投放稻田成活率很低,生长速度很慢,难以见效。因此投放大规格鳖种是稻田养鳖能否成功的关键。

在幼鳖投放前 10 ~ 15 d，需清理环形沟和田间沟，主要是除去浮土，修好垮塌的沟壁。然后对水体进行彻底清沟消毒，一般地，每亩稻田环形沟和田间沟泼洒生石灰 20 ~ 50 kg 或漂白粉 2 ~ 3 kg，以杀灭水体内的野杂鱼类、蛇及蛙类等敌害生物及致病菌。

（一）幼鳖投放方法

1. 先水稻，后甲鱼

一般地每年 5、6 月种植水稻，7、8 月放养幼鳖，密度为每亩放养 200 ~ 400 g 幼鳖 300 只左右，放养前用 4% 食盐水或碘富 20 mg/L 浸泡 3 ~ 5 min 消毒。

2. 先甲鱼，后水稻

即在稻田插秧前半个月至 1 个月放养幼鳖。一般 4 月放养幼鳖，5 月插秧种植水稻，若是机插，应先放干水，2 ~ 3 d 后待甲鱼躲到鳖沟以后再机器插秧。密度为每亩放养 200 g 的幼鳖 250 只左右，幼鳖投放前用 4% 食盐水或碘富 20 mg/L 浸泡 3 ~ 5 min 消毒，此外还要用生石灰、漂白粉等药物对稻田消毒，以预防疾病发生。

6 月可在环沟内投放少量的鲢、鳙鱼夏花，为幼鳖提供鲜活饵料。一般地，幼鳖投放时不能雌雄混养，以防止雄鳖为争夺雌鳖而相互残杀。由于雄鳖生长速度快，价格更高，建议最好投放全雄幼鳖。

（二）大规格幼鳖投放模式

若稻田是第一次养鳖，则在上一年水稻收割后，按照稻鳖综合种养的环境要求对稻田进行改造，待养殖工程设施建好后，即可灌水放鳖。该模式放养的幼鳖规格为 400 ~ 500 g / 只，每亩投放 200 ~ 300 只。幼鳖经消毒后，向稻田的环形沟和田间沟中投放，让幼鳖自然进入稻田，放养密度也可根据饵料来源情况进行适当调整。这种模式当年幼鳖可增重 50% ~ 120%，年底鳖的规格将达到 1 000 ~ 1 200 g / 只，此时可捕捞上市，获得较好的收益。

选择大规格幼鳖时要注意以下几点。

① 雌雄分池饲养，大小规格一致，避免相互咬伤。

② 幼鳖来源为人工养殖的个体或天然水捕捞的个体，最好是本地池塘培育

的优良品种，体格健壮、色泽光亮、无病无伤。温室培育的幼鳖体质较露天池塘中培育的个体差，其免疫力低，发病率高。

③ 幼鳖入池前，必须做好消毒工作，可用 3% 食盐水浸泡 10 min，或用 12% 的聚维酮碘 10 mL/m³ 浸泡 15 min，避免幼鳖将病原体带入稻田。

（三）小规格幼鳖投放模式

投放小规格幼鳖当年不能收益。一般在第一年的 5—6 月，在大田插秧前，向稻田的环形沟和田间沟中投放经挑选的 2 龄 50 ～ 100 g/ 只的小规格幼鳖，每亩投放 400 ～ 600 只，雌：雄＝ 4：1 或 5：1，以免幼鳖相互打斗嘶咬，致伤致残。也可根据稻田饵料生物的多少和拟投人工饵料的情况，对放养密度做适当增减。

选择小规格幼鳖时要做好以下几点：

① 雌雄同池饲养，但规格大小要求一致，雌雄比例为 4：1 或 5：1。为了减少幼鳖之间的争斗，也可以将雌雄幼鳖分开饲养。

② 幼鳖尽量选本地人工繁殖和池塘培育的品种，无病无伤、活泼健壮，谨慎选用温室培育的鳖种。

③ 幼鳖下池前，鳖种须用 3% ～ 4% 食盐溶液浸泡 5 ～ 10 min 或用 10 ～ 20 mL/L 高锰酸钾溶液浸浴 20 min，以杀灭其体表寄生虫或病菌。放养时，水温温差不能超过 2℃，以提高幼鳖的成活率。

④ 适时分池饲养，降低密度，提高幼鳖的生长速度，保证翌年底达到 1 500 g / 只的规格，并适时捕捞上市。

三、水位、水质调节

（一）水位控制

幼鳖入田后，要注重水位的控制。一般地在水稻活棵后，稻田中水位正常控制在 10 cm 左右。在夏季，由于气温、水温高，稻田水位应增加到 20 cm，且每周加注新水一次。高温季节，在不影响水稻正常生长的情况下，要尽可能加深水位，防止水温过高而影响鳖的正常生长。

在水稻晒田时期，要注意控制好水位。在水稻的整个生育期内，共有两次晒田时期，分别是水稻分蘖末期的半个月和水稻收获前的半个月，晒田程度以水稻浮根泛白为宜。在晒田期间，稻田水位降低，环形沟内水深应保持在 80 cm 左右。除晒田外，其余时间环形沟水位都保持在 120 cm 以上，田面水位保持在 20 cm 以上。此外，在鳖越冬期间，环形沟水位不低于 80 cm，越冬后，应加注新水，使稻田水位高出田面 20 cm。

（二）水质调节

稻鳖共生，鳖排泄的粪便和剩余饵料可为水稻提供有机肥料，有利于水稻的生长。水稻不施肥，可改善稻田水质，减少鳖的病害。同时，鳖在稻田中捕食水稻害虫，可减少水稻的虫害。因此稻鳖共生能进一步保证水稻和鳖的品质。例如，2017 年在安徽蚌埠王巷试验基地，通过稻 - 鳖共生模式的水稻品种筛选研究结果表明，稻 - 鳖共生可以将耐旱水稻品种的米质提高一个等级，而且其产量也比普通稻田水稻产量提高 10% 左右。

稻鳖综合种养模式水质调节除种植水草等生物调节方式外，主要靠换水等物理方法来保持水质达标。一般每 10 d 换一次水，每次换水量 10 cm 左右。水稻可吸收水中的氨氮、亚硝酸盐等，以达到净化水质的作用。需要注意，在早稻收割至晚稻插秧这段时间，由于二次施生物肥料，为防止水质过肥，每天加注新水，并保证新水量不超过原池水的 20%。此外，还可用化学方法和微生物制剂来调节水质。一般每隔 15 ~ 20 d 向水体泼洒生石灰消毒一次，用量为 180 kg/hm^2。在生石灰泼洒 7 ~ 10 d 后，再泼洒微生物制剂来改善水质。

四、投饲管理

当稻田水温上升到 20℃ 左右时，鳖开始摄食。此时要投喂少量饲料，进行人工驯化，促使鳖尽快开食，以延长其生长期。因为鳖是以肉食性为主的杂食性动物，自然水体中，主要以小鱼、小虾、螺、蚌和水生昆虫等为食，因此，在投喂时，可将动物性饲料（鲜活鱼等）与植物性饲料（麸类、饼粕类、南瓜等）或配合饲料搭配使用，其中鲜活鱼的比例要占到 20% 左右。

由于鳖为偏肉食性的杂食性动物，食性范围广，所以饵料选择以及投喂方法对鳖的养殖非常重要。为提高鳖的品质，在养殖过程中，要选择丰富、新鲜的饵料，以低价的鲜活鱼或加工厂、屠宰场下脚料为主，做到科学合理投饵。

（一）鳖的营养需求

稻鳖综合种养是指将幼鳖投放到稻田环沟中，以稻田中天然的螺、蚌、虾、野杂鱼、水生昆虫及植物嫩芽等为主要食物，辅以投喂人工饲料或全价配合饲料进行的养殖。目前，鳖的饲料效率已达到养鱼饲料的水平，饲料仅占养鳖成本的18% ~ 25%，因此运用好鳖的营养与饲料方面的研究成果，对鳖的营养需求进行分析，科学配置人工饲料，可降低鳖的养殖成本，提高商品鳖的质量，对大力开发有机鳖生态养殖具有重要意义。

饲料营养价值的高低取决于饲料中营养物质的含量，决定着鳖的生长速度和食用价值。因此，饲料的一般营养成分是评定饲料营养价值的基本指标。

1. 对蛋白质的需求

鳖是以摄食动物性蛋白为主的杂食性动物，蛋白质是鳖生长、发育和维持生命活动的必需营养元素。蛋白质在构成组织的同时，还作为酶和激素对鳖的生命活动起着重要作用。蛋白质在鳖体内的作用不能由其他养分代替，必须从饲料中摄取。而当饲料中缺乏碳水化合物时，蛋白质可以转化为热能供鳖需求。

蛋白质多数是由20多种氨基酸组成的高分子有机物，鳖摄取蛋白质后，高分子蛋白质在其消化道内不能直接被吸收利用，只有在肠道中酶的作用下，分解成小分子氨基酸才能通过鳖的肠道进入血液，重新合成鳖自身特有的蛋白质。因此，饲料的营养价值不仅与蛋白质数量有关，而且与蛋白质氨基酸的种类、含量和比例有关。确定饲料中蛋白质的最适含量是一个非常复杂的问题，因为不同蛋白质中氨基酸的组成不同。至今为止还未见鳖饲料中必需氨基酸的最适需要量的报道。

根据饲料原料的特性，蛋白质可分为动物性蛋白质、植物性蛋白质和人工合成蛋白质等三种。鳖对蛋白质的需求受蛋白质种类、鳖的生长发育阶段、水温变化等多种因素的影响。一般地，稚鳖对饲料中蛋白质含量的需求为44% ~ 50%，成鳖的需求为42% ~ 45%。

2. 对碳水化合物的需求

碳水化合物是由碳、氢和氧三种元素组成，由于它所含的氢氧的比例为二比一，和水一样，故称为碳水化合物，它是为人体提供热能的三种主要的营养素中最廉价的营养素。食物中的碳水化合物分成两类：可以吸收利用的有效碳水化合物如单糖、双糖、多糖和不能消化的无效碳水化合物，如纤维素。碳水化合物是生命细胞结构的主要成分及主要供能物质，并且有调节细胞活动的重要功能，是动物获取能量的最经济和最主要的来源。碳水化合物是构成机体组织的重要物质，并参与细胞的组成和多种活动，此外还有节约蛋白质、抗生酮、解毒和增强肠道功能的作用。

碳水化合物在消化酶的作用下，在肠道内分解成单糖，如葡萄糖、果糖和半乳糖等，被毛细血管吸收供机体利用，过多的则以糖原形式储存在肌肉和肝脏里，需要时再分解成葡萄糖，作为能源加以利用。碳水化合物还具有减少体蛋白质的分解，保存和节约蛋白质的作用。据研究，鳖饲料中碳水化合物如淀粉适宜含量为22.7% ~ 25.9%，介于肉食性鱼类和杂食性鱼类之间，因此在鳖饲料中添加适量的碳水化合物是必需的，能起到节约蛋白质和促进生长的作用。但由于鳖是以动物性饵料为主的杂食性动物，对蛋白质需求很高，故过多的碳水化合物对其生长反而不利。在鳖饲料的配制加工过程中，通过添加 α - 淀粉就能满足其对碳水化合物的需要。

3. 对脂肪的需求

脂肪是鳖机体的重要能量来源，其功能与碳水化合物基本相同。一是为鳖机体提供能量，二是鳖体组织细胞的构成成分，三是脂溶性维生素（A、D、E、K）的载体，并促进这些维生素的吸收利用。因此，在鳖饲料中需添加一定数量的脂肪为机体提供必需的脂肪酸，以达到提高饲料效率和生长速度的目的。优质鳖饲料在配制中多使用脱脂鱼粉，因此在使用时，再添加3% ~ 5%植物油，如玉米油或麻油等，其饲料效率和增肉系数都会取得非常好的结果。

鳖不需要太高的含脂量，其最佳生长饲料粗脂肪含量仅为3% ~ 5%。但脂肪极易变质，氧化后会产生毒性，因此需对油脂进行密封储存，避光防潮。

4. 对维生素的需求

维生素是一系列有机化合物的统称。它们是生物体所需要的微量营养成分，而一般又无法由生物体自己生产，需要从外界食物中摄取。维生素不能像糖类、蛋白质及脂肪那样可以产生能量，组成细胞，但是它们对生物生长过程中的新陈

代谢起调节作用，是维持生命活动必需的生理活性物质。

缺乏维生素会导致鳖严重的健康问题。适量摄取维生素可以调节鳖的新陈代谢，控制生长发展过程，提高鳖机体的抗病能力。若缺乏某种维生素，就会导致鳖代谢紊乱，机体失调，生长迟缓，严重的会导致死亡，但过量摄取维生素却会导致中毒。

维生素分为水溶性和脂溶性两大类。水溶性维生素有 B 族维生素和维生素 C，B 族维生素包括维生素 B_1、维生素 B_2、维生素 B_6、维生素 B_{12}、泛酸、烟酰酸、叶酸及生物素等。脂溶性维生素有维生素 A、维生素 D、维生素 E 和维生素 K 等。

鳖对维生素的需求及缺素症的研究报道较少，目前仅有关于水溶性维生素缺素试验报道，结果未发现鳖有明显的缺素症。水溶性维生素 B_6、维生素 B_{12} 及烟酸缺乏时，对鳖的生长会产生一定影响。目前鳖饲料中添加的维生素多达十种以上，主要是为了确保鳖摄获取足够的维生素。在鳖的养殖生产中，主要通过在饲料中添加复合维生素制剂或投喂一定数量的鲜活饵料，来满足鳖对维生素的需求。

5. 对矿物质的需求

矿物质是地壳中自然存在的化合物或天然元素，又称无机盐，是构成组织和维持正常生理功能必需的各种元素的总称，是人体必需的七大营养素之一。矿物质和维生素一样，无法由生物体自身产生合成，主要从外界食物中摄取。

常量矿物质元素主要有钙、镁、钾、钠、磷、硫等，占体内总无机盐的 60% ~ 80%。微量矿物质元素主要有铜、锌、锰、钴、钼、铬、硒等，有毒矿物质元素有铝、汞、砷、铅、镉等。矿物质是构成机体组织的重要原料，如钙、磷、镁是构成骨骼的主要原料，矿物质也是维持机体酸碱平衡和正常渗透压的必要条件。矿物质和酶结合，有助于新陈代谢。酶是新陈代谢过程中不可缺少的蛋白质，而使酶活化的是矿物质。如果矿物质不足，酶就无法正常工作，代谢活动就随之停止。

鳖机体的各种成分中无机盐所占比例较小，但它是维持生命所需的物质。无机盐在血液内以离子形式存在，参与调节渗透压和 pH 值。由于它和机体的构成成分相结合，在生化方面起着重要作用，如磷酸是核蛋白质和磷脂的构成成分，并对酶的活动有促进作用。高等动物需要的无机盐也是鳖必需的，特别是在饲养亲鳖时，无机盐作用尤为明显。人工配合饲料中钙、磷的含量较高，会制约镁的吸收，因此镁的添加量可能成为影响鳖生长发育仅次于钙、磷的主要矿物质之一。

（二）鳖的饲料

目前，鳖的常用饲料包括人工配合饲料、动物性饲料和植物性饲料三类。

1. 人工配合饲料

鳖的天然饵料因其来源有限，容易腐败变质，难以保存，因此在鳖的生产上，天然饵料逐渐被全价配合饲料所代替。鳖的全价配合饲料是根据鳖的不同生长发育阶段对营养需求加工配制而成的。从鳖的营养需求和适口性考虑，鳖饲料的原料主要有以下几种。

（1）鱼粉。鱼粉用一种或多种鱼类为原料，经去油、脱水、粉碎加工后的高蛋白质饲料原料。全世界的鱼粉生产国主要有秘鲁、智利、日本、丹麦、美国、前苏联、挪威等，其中秘鲁与智利的出口量约占总贸易量的 70%。据世界粮农组织（2013 年）统计称，中国鱼粉年产量约 120 万 t，约占国内鱼粉消费总量的一半，主要生产地在山东省（约占国内鱼粉总产量的 50%），而浙江省约占 25%，其次为河北、天津、福建、广西等省市。20 世纪末期，我国每年大约进口 70 万 t 鱼粉，约 80% 来自秘鲁，从智利进口量不足 10%，此外从美国、日本、东南亚国家也有少量进口。虽然迄今鱼粉仍为重要的动物性蛋白质添加饲料，但是我国饲料工作者一直研究探索低鱼粉日粮和无鱼粉日粮，发酵豆粕是目前最好的替代产品。

鱼粉中不含纤维素等难于消化的物质，粗脂肪含量高，鱼粉的有效能值高，生产中以鱼粉为原料很容易配成高能量饲料。鱼粉富含 B 族维生素，尤以维生素 B_{12}、B_2 含量高，还含有维生素 A、D 和维生素 E 等脂溶性维生素。鱼粉是良好的矿物质来源，钙、磷的含量很高，且比例适宜，所有磷都是可利用磷。鱼粉的含硒量很高，可达 2 mg/kg 以上。此外，鱼粉中碘、锌、铁、硒的含量也很高，并含有适量的砷。

鱼粉是鳖饲料的主要动物蛋白源，其质量决定着鳖的质量。鱼粉要求鲜度好、活性因子多，含脂胆低。蛋白质含量高达 65% ～ 70%，脂肪含量为 2.0% ～ 5.5%，还含有大量的蛋氨酸、赖氨酸等必需氨基酸，鱼香味很浓，诱食效果极佳，最适合鳖的生长发育。

（2）淀粉。淀粉是一种多糖，制造淀粉是植物储存能量的一种方式。鳖饲料配方中采用进口 α- 马铃薯淀粉，因为鳖对 α- 淀粉利用效果最好，且 α- 淀粉黏弹性、伸展性、吸水性、结合力及膨胀性均优于其他黏合剂。

（3）膨化大豆。大豆是氨基酸结构最适合鳖营养需求的植物蛋白源。由于鳖营养需求中需要较高的脂肪，因此选用全脂膨化大豆作为鳖饲料的植物蛋白源。膨化大豆保留了大豆本身的营养物质，蛋白质变性，淀粉糊化，脂肪外露富含油脂，氨基酸平衡，且高温高压杀死了病菌，是具有极高营养价值的常用蛋白原料，且对于目前高位运行的鱼粉具有一定替代性。

（4）啤酒酵母。啤酒酵母是指用于酿造啤酒的酵母，多为酿酒酵母的不同品种，是啤酒生产上常用的典型的上面发酵酵母。菌体维生素、蛋白质含量高（50%以上），同时又富含 B 族维生素及未知促长因子，是鳖饲料中不可缺少的一种饲料原料。

（5）饲料预混料。饲料预混料包括复合维生素及复合矿物盐，是饲料中的微量部分，对均衡饲料营养、提高饲料效率、防治鳖各类营养性疾病起着重要作用。复合维生素含有鳖生长发育所需的所有维生素，采用高稳定性维生素 C 及一些包被形态或衍生形态的维生素原料；复合矿物盐含有大量鳖最大生长所需的常量、微量元素，采用氨基酸螯合态矿物盐、有机盐。饲料预混料具有促生长、改善品质、抗病力强及饵料系数低等特点。

（6）EM 菌。EM 菌是一种混合菌，一般包括芽孢杆菌、乳酸菌、光合细菌、枯草杆菌等有益菌类。在饲料中拌入少量 EM 菌液，可显著增强鳖的消化吸收功能、减少消化道疾病、提高免疫力，促时鳖健康生长。

（7）牛肝粉。鳖非常喜欢牛肝粉、贻贝粉等原料的味道，以此原料配合构成鳖饲料的引诱物，同时这些原料的蛋白质结构为球状蛋白质结构，易被鳖吸收。

近几年，鳖的人工配合饲料使用越来越普及，与天然饵料相比，人工配合饲料的优点十分突出。一是配合饲料所含的营养成分全面，营养价值高，不仅能满足鳖在不同生长阶段发育的需要，而且能提高各种营养成分的实际效能和蛋白质的利用价值，起到取长补短的作用。二是由于饲料加工不仅能去除毒素，杀灭各种致病菌，减少饲料所引起的各种疾病，增强抗病能力，而且人工配合饲料便于根据需要添加中草药防病治病。三是配合饲料可常年供应，适应集约化养鳖的需求。所以，养鳖规模越大，使用配合饲料越经济科学。

鳖的几种常用配合饲料配方如表 3-1 所示：

表 3-1　鳖的几种常用配合饲料配方

配方	幼鳖	成鳖
一	鱼粉 65%、奶粉 2%、啤酒酵母 5%、α-淀粉 18%、牛肝粉 5%、香味黏合剂 2%、玉米蛋白 2%、复合微量元素预混剂 0.5%、多维预混剂 0.4%、EM 菌液 0.1%	白鱼粉 60%、牛肝粉 5%、啤酒酵母 5%、香味黏合剂 2%、α-淀粉 18%、膨化大豆 5%、玉米蛋白 3%、复合微量元素预混剂 1%、多维预混剂 0.8%、EM 菌液 0.2%
二	白鱼粉 67%、奶粉 2%、啤酒酵母 3%、α-淀粉 18%、牛肝粉 3%、香味黏合剂 2%、膨化大豆 2%、玉米蛋白 2%、复合微量元素预混剂 0.5%、多维预混剂 0.4%、EM 菌液 0.1%	白鱼粉 49%、牛肝粉 5%、啤酒酵母 4%、α-淀粉 18%、香味黏合剂 2%、血球蛋白 3%、膨化大豆 5%、玉米蛋白 5%、酶解蛋白 3%、复合微量元素预混剂 0.5%、多维预混剂 0.2%、EM 菌液 0.3%
三	鱼粉 52%、牛肝粉 5%、奶粉 5%、啤酒酵母 5%、膨化大豆粉 7%、香味黏合剂 2%、玉米蛋白 2%、酶解蛋白 3%、复合微量元素预混剂 0.5%、多维预混剂 0.4%、EM 菌液 0.1%	白鱼粉 51%、牛肝粉 5%、啤酒酵母 6%、α-淀粉 15%、血球蛋白 2.2%、玉米蛋白 5%、酶解蛋白 5%、磷酸二氢钙 0.6%、复合微量元素预混剂 1%、多维预混剂 1%、EM 菌液 0.2%
四	鱼粉 55%、牛肝粉 5%、啤酒酵母 5%、α-淀粉 18%、膨化大豆粉 4%、复合骨粉 2%、蚌肉粉 3%、香味黏合剂 2%、玉米蛋白 3%、蚕蛹粉 2%、复合微量元素预混剂 0.4%、多维预混剂 0.5%、EM 菌液 0.1%	白鱼粉 60%、啤酒酵母 5%、α-淀粉 10%、膨化大豆粉 2%、玉米粉 10%、小麦粉 7%、肉骨粉 4%、复合微量元素预混剂 1%、多维预混剂 0.8%、EM 菌液 0.2%
五	鱼粉 56%、奶粉 2%、α-淀粉 15%、蛋白淀粉 8%、玉米蛋白 5%、血球蛋白 2.2%、酶解蛋白 3%、啤酒酵母 6%、磷酸二氢钙 0.8%、香味黏合剂 2%、复合微量元素预混剂 0.8%、多维预混剂 1%、EM 菌液 0.2%	/
六	鱼粉 51%、牛肝粉 5%、啤酒酵母 6%、α-淀粉 15%、蛋白淀粉 8%、玉米蛋白 5%、血球蛋白 2.2%、酶解蛋白 5%、磷酸二氢钙 0.8%、复合微量元素预混剂 0.5%、多维预混剂 1%、EM 菌液 0.5%	/

2. 动物性饲料

动物性饲料种类很多，常见的有水蚤、摇蚊幼虫、蚯蚓、蝇蛆、黄粉虫、鱼虾、蚕蛹、螺蚌、畜禽下脚料等，还有一些经加工的动物性饲料，如鱼粉、肉粉、骨粉、血粉及家禽羽毛粉等。动物性饲料只要投喂得当，也能满足鳖的营养需求。在目前配合性饲料还不完善的情况下，就地取材、因地制宜地寻找或采集动物性饲料或者人工培养和繁殖动物性活饵料，开辟动物性饲料来源，对我国养鳖业的发展具有一定的促进作用。常用的动物性饲料一般有以下几种。

（1）水蚤。水蚤是鳖喜好的开口饵料，便于人工规模化培育。水蚤蛋白质含量高（占干重的 40%～60%），含有鳖所需的各种氨基酸，且维生素和钙质非常丰富。水蚤俗称红虫，是淡水中最重要的浮游动物之一，春夏季往往大量繁殖，而秋季水温下降后数量很少，所以应在春夏季收集水蚤，有条件的应设法进行水蚤的人工培养。

（2）蚯蚓。蚯蚓的蛋白质含量较高，水蚯蚓含粗蛋白质 62%，必需氨基酸 35%，陆生蚯蚓含粗蛋白质 61.9%，必需氨基酸 27.4%。无论是水蚯蚓还是陆生蚯蚓，它们都是鳖喜食的饲料，两者均可作为驯化鳖摄食人工饲料的引诱物质。蚯蚓培育技术简单，所需原料和设备易得，可引进优良蚯蚓品种进行大量培育，温水烫死或鲜活投喂均可。

（3）昆虫。昆虫种类繁多、形态各异，属于无脊椎动物中的节肢动物，是地球上数量最多的动物群体，在所有生物种类（包括细菌、真菌、病毒）中占了超过 50%，它们的踪迹几乎遍布世界的每一个角落。

昆虫不仅含有丰富的有机物质，如蛋白质、脂肪、碳水化合物，还含有丰富的无机物质，如钾、钠、磷、铁、钙等各种盐类，还有人体所需的氨基酸，是鳖良好的天然饵料。根据资料分析，每 100 mL 的昆虫血浆含有游离氨基酸 24.4～34.4 mg，远远高出人血浆的游离氨基酸含量。昆虫体内的蛋白质含量也极高，如烤干的蝉含有 72% 的蛋白质。

夏秋季节昆虫种类很多，可用黑灯光或电灯诱捕。在鳖池水面上 20～50 cm 处吊数盏黑光灯，每 5 m 一盏，每夜每盏灯可诱虫 1 kg 左右。这种饵料既天然环保又节约成本，一举多得。

（4）螺类。螺类是软体动物腹足类的通称。主要形态特征是身体分头、足、内脏囊三部分。内脏囊在发育过程中经过旋转成为左右不对称，并缩在一个螺旋形的贝壳内，又称单壳类或螺类。螺类种类繁多，海淡水均有大量分布，具有重要经济价值。天然条件下，螺类是鳖的主要食物，无论稚鳖、幼鳖，还是成鳖，都喜欢采食。

福寿螺是我国 1981 年作为食用螺从南美引进的一种大型淡水螺类，外观与田螺极其相似，个体大、食性广、适应性强、生长繁殖快、产量高。福寿螺肉味鲜美、蛋白质含量高、脂肪低，以水生植物为食，一般水域均可养殖。在我国南方，养殖半年个体重可达 200 g 左右，亩产 2 000 ~ 5 000 kg。在我国北方，个体重也可达 50 g。福寿螺在南方可自然越冬，繁殖力强，既可在鳖池中混养，也可专池养殖。

田螺泛指田螺科的软体动物，对水体水质要求较高，产量少。可在夏、秋季节捕取，淡水中常见有中国圆田螺等。田螺含有丰富的维生素 A、蛋白质、铁和钙，可食部每 100 g 约含水分 81 g、蛋白质 10.7 g、脂肪 1.2 g、碳水化合物 4 g、灰分 3.3 g，又含钙 1357 mg、磷 19l mg、铁 19.8 mg 等。田螺也常用来养鳖，入春后将鳖池消毒、注水、施肥，引入螺种 50 ~ 100 kg，待其产卵繁殖后，放养鳖和鱼，逐渐加深池水，可为鳖提供部分喜食的天然饵料。

（5）黄粉虫。黄粉虫又叫面包虫，在昆虫分类学上隶属于鞘翅目，拟步行虫科，粉甲虫属（拟步行虫属）。原产北美洲，20 世纪 50 年代从苏联引进中国饲养，黄粉虫干品含脂肪 30%，含蛋白质高达 50% 以上，此外还含有磷、钾、铁、钠、铝等常量元素和多种微量元素。因干燥的黄粉虫幼虫含蛋白质 40% 左右、蛹含 57%、成虫含 60%，被誉为"蛋白质饲料宝库"。

黄粉虫常用来养鱼、鸟等观赏性动物，近年来有人培育黄粉虫用来养鳖、蛙等，效果很好。黄粉虫适应力强，可以进行立体培养，一般 3 ~ 4 kg 麦麸可以养成 1 kg 黄粉虫，成本低，但人工养殖技术含量高，尤其是黄粉虫的越冬。

（6）畜禽内脏。动物内脏不仅蛋白质含量高、质量好，而且来源广泛，是养鳖常用的廉价饲料。但如果单独长期使用，会给鳖带来营养不平衡等问题，所以最好与其他干饲料适量搭配制成湿饲料投喂，效果会更好。在生态养鳖的情况下，建议少投这种饲料。

3. 植物性饲料

植物性饲料分为粗饲料、青饲料、精饲料、块根块茎类饲料。粗饲料主要包括干草类、秸秆类（荚皮、藤、蔓、秸、秧）、树叶类（枝叶）、糟渣类等，其特点是体积大，难消化，可利用养分少，干物质中粗纤维含量在 18% 以上。青饲料

主要包括天然牧草、人工栽培牧草、叶菜类、根茎类、青绿枝叶、青割玉米、青割大豆等，其水分含量高，约75%~90%。精饲料包括禾本科籽实（能量饲料）、豆粉籽实（蛋白质饲料）及其加工副产品。块根块茎类饲料如胡萝卜、饲用甜菜等。

鳖是肉食性动物，喜食以动物蛋白质为主的饲料，一般不直接摄食植物性饲料。以鱼粉等高等动物蛋白为主的配合饲料，鳖的摄食量可高达其体重的7%~8%，复合动物蛋白次之，而对植物蛋白为主的饲料，摄食率多在体重的4%以下。在以动物性饲料为主的前提下，适量搭配一些植物性饲料，如豆饼、玉米粉、面粉、麦麸、米糠等，不仅在一定限度内是可行的，而且还可以节省动物性饲料，降低饲料成本。

（三）鳖的饵料选择

1. 鲜活饵料选择

如螺蚌类、虾类、冰鲜野杂鱼、动物内脏等都是物美价廉的鲜活饵料。由于鲜活饵料富含鳖所需要的各种营养成分，但水分含量高，因此鲜活饵料与预混料或配合饲料搅拌后搭配投喂，使用效果更好。

2. 黏合剂添加

如羧钾基纤维素、面筋粉、藻胶、魔芋粉等，能增强饲料弹性和黏结性，遇水不易散开，有效提高饵料利用率。另外，在饲料中加入少量的青菜汁、叶、芽对鳖的生长、发育作用明显。如南瓜叶能明显提高鳖的生长速度。

3. 饲料大小选择

鳖摄食时首先咬住食物，然后再潜入水中吞咽。如果饵料过大，鳖难以摄取，因此，最好制成适合大小鳖的颗粒饲料进行投喂（表3-2），按不同规格投喂的适口饵料，饵料利用率可达90%以上。

表3-2 鳖对饲料大小的选择

鳖体重（g）	<10	10~15	50~150	>150
鳖口裂（cm）	0.5~1.1	0.7~1.4	0.8~2.0	>1.0
饲料直径（cm）	<0.2	<0.7	<0.8	<1.0
饲料长度（cm）	<0.8	<1.2	<1.4	<1.5

（四）合理科学投喂

1. "四定"投喂原则

投饵要按照定时、定量、定位和定质的"四定"原则，根据鳖的摄食情况，适当增减投喂量，确保鳖不饥饿不打架，不相互争食抢食。投喂的幼鳖饵料，营养应全面，其蛋白质含量要求在45%左右。全年投喂应掌握"两头轻、中间重"的原则，即春季和秋末投喂量要少，夏季至秋初投喂量要多，一般夏季至秋末投喂量占全年的70%～80%，具体投喂量视当天天气、水温、活饵等情况而定。鳖一般在上午日出后1～2 h至日落前，喜爬到岸上晒背，这段时间不宜投喂，因而每天投喂时间在上午8：00—9：00时、17：00—18：00时。投喂量要合理，过少会影响鳖的生长，过多则造成浪费。一般幼鳖人工配合饲料投喂量为体重的5%～8%，成鳖为3%～5%，投喂时，达到七成饱即可，以促其到稻田里觅食螺蛳、小鱼、小虾和水稻害虫等。

对于温室幼鳖投喂，需要进行10～15 d的饵料驯化，驯化完成后即可减少配合饲料投喂，日投喂量为鳖体重的5%～10%，每天投喂1～2次，一般以1.5 h内吃完为宜。稻田内鳖的总重量可根据放养的时间、成活率及抽样获得的鳖的生长数据进行测算。

要求投喂的饲料营养丰富、新鲜、无腐败变质、无污染，最好是浮性膨化颗粒饲料，这样可通过残饵及时了解鳖的摄食情况。若投喂鲜活饵料及粉料，应将饵料搅拌后做成球形或团状，固定后不易散失浪费。若投喂新鲜动物性饵料，可按鳖体重的10%～15%确定投喂量，以投喂后1.5 h内吃完为宜。在投新鲜动物性饵料时，最好用沸水煮沸15 min，这样可杀菌杀虫，改变饵料的适口性，促进鳖的摄食和消化，特别在亲鳖投饵中应大力提倡。

鳖的饲料应投在饵料台上，方便幼鳖摄食。一般每亩稻田用石棉瓦或木板设置2个饵料台，饵料台倾斜固定在田埂处，一端入环沟10 cm，另一端搁置在田埂上。当水温低于12℃时，可不投喂。要根据水质和水色情况追施农家肥，当水质偏瘦时，应及时在稻田的环形沟中追施腐熟的农家肥，用量为每亩100～150 kg。

由于鳖有喜静怕惊的特点，投喂饵料后，大量的鳖爬到食台上摄食（见彩图22），不能受到惊吓。若遇惊扰会立即潜入水中，造成饵料大量散落入池而造

成浪费。因此，投喂饵料后，一定要保持鳖池周围环境安静。

2. 投饵与防病相结合

可在饵料中加入一些预防疾病的微量元素、酶制剂、维生素及免疫多糖等，以提高鳖的抗病能力。如在饲料中加入 0.03% VE、0.05% VC、0.1% 免疫多糖可增加鳖的抗病能力，提高抗应激能力。同时，VE 具有较强的抗氧化作用，是一种理想的抗传染病的辅助药物，防病效果显著。另外 VC 具有抗出血病的作用。

3. 投饵与净化水质相结合

在鳖摄食过程中，大量的未被利用的动物性饵料、配合饲料沉入水底发酵，造成水体严重污染，水体环境恶化，因此应大力提倡岸上投饵。特别注意根据摄食量投饵，多点少投，少量多餐，减少饵料的浪费和变质。同时，可在养殖池中加入少量 EM 复合微生物制剂，分解粪便和残余饲料，达到净化水质目的，保证水质良好，为鳖创造良好的生长生活环境。

4. 投饵与中草药防病相结合

鳖病重在预防。一般地，在鳖发病季节，每隔 15 d 用中草药（如板蓝根、大黄、鱼腥草混合剂等比例分配药量）拌饵投喂进行预防，效果较好。中药需煮水拌饲投喂，剂量为每千克鳖体重 0.6 ~ 0.8 g，连续投喂 4 ~ 5 d。如果事先将中草药粉碎混匀，临用前用开水浸泡 20 ~ 30 min，然后连同药物粉末一起拌饲投喂效果更佳。此外，将中草药添加在饵料中投喂，对还能吃食的鳖是较好的治疗手段，如在饵料中添加三黄粉、大蒜素、中成药等药物，治病效果显著。

五、田间管理

（一）科学晒田

晒田是水稻栽培中的一项重要技术措施之一，又称搁田、烤田、落干。主要是通过排水后曝晒田块，促使水稻根系生长发达、茎秆粗壮，有效抑制水稻的无效分蘖以及基部节间伸长，从而调整稻苗长势长相，增强水稻抗倒伏能力，达到提高水稻结实率和增加粒重目的。稻鳖综合种养的稻田，其晒田总体要求是轻晒或短期晒，也就是说，晒田时间控制到田块中间不陷脚、田边表土不裂缝时为止，即当水稻浮根泛白时为宜。当稻田晒好后，需要及时加注新水，将水位提高到原水位，以免导致环形沟内幼鳖密度过大、时间过长，对幼鳖生长产生不利影响（图3-19）。

在水稻栽培技术方面，要紧紧围绕"防倒"进行控制，一般采用"二控一防技术"，二控是指控肥和控水，控肥就是在水稻整个生长期内不施肥，控水就是早搁田控苗，在水稻分蘖末期达到80%穗苗时重搁，使稻根深扎，后期干湿灌溉。一防即防止水稻倒伏。

图3-19 水稻收割前晒田

（二）水位控制

稻田水位控制的基本原则是所控制的水位既能晒田，又能使鳖不因缺水而受伤害。水位控制的具体方法是在每年3月，稻田水位一般控制在30 cm左右，目的是提高稻田内水体水温，促使鳖尽早出来觅食。4月中旬以后，稻田水温已基本稳定在20℃以上，为使稻田内水温始终稳定在20 ~ 30℃，稻田水位应逐渐提高至50 ~ 60 cm，以利于鳖的生长。越冬期前的10—11月，稻田水位控制在30 cm左右为宜，这样既能够让稻蔸露出水面10 cm左右，使部分稻蔸再生，又可避免因稻蔸全部淹没水下，导致稻田水质过肥缺氧，而影响稻田中饵料生物的生长。越冬期间，要适当提高水位进行保温，水位一般控制在40 ~ 50 cm。

在水稻整个生育期内，移栽期田面水位控制在5 cm，沟内水位不超过防护田埂。水稻返青分蘖、投入幼鳖一周后，应将全田水位加深至 15 ~ 20 cm。水稻分蘖末期的半个月晒田期间，要降低水位，但环形沟内水深应保持在 80 cm 左右。在水稻收割前 15 d 晒田期，田面水分排干时，沟内水位应保持 60 cm 左右，待水稻收割后立即加深水位至高于田面 20 cm。稻鳖共生期间，每隔 15 d 环沟内水量需换 1/3，每隔 15 d 需用生石灰和高锰酸钾交替全田泼洒进行消毒。

（三）适时追肥，严禁使用农药和化肥

稻鳖共生期间，严禁喷洒农药和施放化肥。农药能杀灭虫害，对稻棵起保护作用，但增加了稻谷的农药残留，降低稻谷品质，更重要的是对鳖有很强的杀伤力，因此，稻鳖共生绝对禁止对稻田喷洒农药。施化肥对鳖也有伤害，也包括一些生物肥料，因此，不向稻田中施放化肥。

稻田施肥要根据实际情况，因地制宜。如在秧苗栽插前，要根据稻田测土配方方案，结合种植水稻品种对土壤的要求，本着"缺什么、补什么"的原则，一次性施足基肥。一般每年 3 月上旬，将发酵腐熟的人畜粪等有机肥以每亩 500 kg 作基肥来肥沃土壤，提高土壤有机质含量，改良土壤团粒结构，促进水稻根系生长。

插秧前，要根据土壤肥沃程度，可适量施用发酵腐熟的鸡粪作为追肥使用，实现水稻可持续发展。为促进水稻稳定生长，保持中期不脱力，后期不早衰，群体易控制，在发现水稻脱肥时，建议施用既能促进水稻生长，降低水稻病虫害，又不会对鳖产生有害影响的生物复合肥。其施肥方法是：先排浅田水，让鳖集中到环形沟中再施肥，这样有助于肥料迅速沉淀于底泥并被田泥和禾苗吸收，随即加深田水至正常深度。也可采取少量多次、分片撒肥的方法。注意严禁使用对鳖有害的氨水和碳酸氢铵等化肥。

（四）鳖的日常管理

鳖的日常管理主要是经常检查鳖的吃食及活动情况，注意观察环沟内水质变化等。按照"预防为主，防治结合"的原则，定期对鳖沟进行消毒，每天清洗饵料台。由于水质和水温对鳖的生长发育影响很大，因此要经常观察水色，分析水质，为水质调控提供科学依据。在夏季高温季节，一般地每周用生石灰水泼洒鳖沟一次，每半个月换水一次，但加注新水时，水体温差一般不超过 4 ~ 5℃，避免温差过大对鳖产生伤害。在不影响水稻正常生长的情况下，可适当加深稻田水位，一般水深掌握在 15～20 cm，使水温控制在 20～33℃。同时，为保证鳖和水稻的质量，禁用农药或尽量选用高效低毒农药，严格控制安全用药。在稻鳖混养区内，一旦发现死鳖要及时清理。

（五）防止敌害

鳖的敌害主要是老鼠、水蛇、蛙类以及各种鸟类及水禽等，在稻田中发现时要及时进行清除。这些敌害对幼鳖危害较大，如与幼鳖争食，传播疾病等。对付鼠类，要在稻田埂上多设些鼠夹、鼠笼加以捕猎。对付蛙类的有效办法是在夜间加以捕捉。对付鸟类、水禽的主要办法是及时驱赶或设置防鸟网。

六、收获上市

稻鳖综合种养的鳖一年四季均可捕捞上市，要根据市场需求，进行捕捞销售。捕捞方法主要是笼捕、网捕和人工捉鳖的探耙等，捕捞的成鳖要及时上市销售。一般水稻于每年 10 月下旬至 11 月上旬收割，收割前应晒田，采用机械化收割（图 3-20）。11 月中旬以后，根据市场需求可分批起捕或一次性捕尽，上市销售。

图 3-20 水稻机械化收割

（一）鳖的捕捉

鳖作为鲜活水产品，市场要求有一定规格。国内市场最受消费者欢迎的规格为 0.5 kg 左右，日本商品鳖规格为 0.7～0.8 kg，这一规格的鳖已度过了最快生长期，是比较合适的起捕规格。除重量要求外，捕捉时还应小心操作，不能使鳖体受伤而影响其商品质量。人工养殖的鳖有以下几种捕捉方法。

1. 干池捕捉

当需全池清点或捕捉量较大时，可排干池水，晚上沿池用灯光照明捡捕。10月中旬前用此法捕获率可达70%~80%。然后用木质齿耙翻开泥沙进行最后搜捕。此法捕捉彻底，又不会使鳖体受伤，但池子过大则不宜采用（图3-21）。

图3-21　鳖的捕捞

2. 网捕

捕鳖网的网衣比渔网高，网眼略大。放网与收网的动作要轻快，稍有响动，鳖由于受到惊吓就会钻入泥沙而难于捕获。

3. 齿耙捕捉

这种捕捞方法适用于捕捉成鳖、亲鳖及越冬后的鳖。最好使用木质齿耙，以免碰伤鳖体。一般齿长15 cm，齿间距10 cm，齿耙柄长1.5 m左右。将耙深插水中，根据手感及发出的响声，判断是否插到了鳖，再用手捕捉。

（二）鳖的暂养

刚起捕的鳖，尽管从稻田中直接捕获或用网具捕获，但由于稻田中存在污泥、杂物，所以鳖的体表和口腔内都会有泥沙和污物，必须用清水冲洗干净后再暂养。运输前暂养一般不超过3 d。

暂养又称为囤养。可根据需要采用不同容器暂养，主要容器有薄铁桶、塑料桶（盆）。如果暂养的数量大，需用水泥池或土池暂养。下面主要几种不同的暂养方法。

1. 小容器暂养

容积在 200 kg 以下的容器称为小容器，它主要适合于鳖的短期暂养。暂养鳖的体积一般要占容器容积的 20%。为了保证暂养鳖的安全，暂养容器采用水体交换的方式每隔 6 h 左右换水 1 次，不宜用手指经常直接触摸搅动鳖体。这种暂养方法当水温在 16℃以下时，7 d 后成活率仍可达 97%，只是鳖的体重略有减轻。若水温在 26℃以上，暂养容器内应投放电解多维，每 100 kg 水放 1 ~ 2 g，48 h 后，成活率可达 92%。

2. 水泥池暂养

暂养鳖的水泥池面积一般为 20 ~ 25 m²，即 5 m×4 m 或 5 m×5 m，池深 0.8 m，水深保持在 20 cm 左右，池底需要铺垫 10 cm 厚的细沙。水过深，鳖不容易将头伸出水面进行口腔呼吸，会造成较大的体力消耗。这种暂养方法适合于暂养数量在 100 kg 以上的养殖户或经销户，暂养时间可长一些。但要根据暂养鳖的数量，做好水质调节，注意水温变化，此法成活率一般在 90% 以上。

3. 土池暂养

暂养鳖的土池面积以 500 ~ 1 000 m² 为宜，进排水设施要完善。在池底需留淤泥 20 cm 厚，保持池水深度 40 cm 左右。这种暂养方法在冬季，每平方米土池可暂养成鳖 15 ~ 20 kg，春夏季节可暂养 10 kg 左右。土池暂养若保持微流水状态，暂养时间可以长达 60 d 以上。若将雌雄分开暂养，则可避免雄鳖之间的相互撕咬打斗，暂养时间可以更长一些，此法是最常用最简单的方法。

特别需要注意的是不宜把大量的成鳖放在干燥的沙堆中越冬，因为鳖处在长期缺水状态，会造成呼吸不畅、皮肤干燥及口腔溃疡，体表失去光泽，因此会影响商品鳖质量，价格剧降，对于幼鳖会严重影响其成活率。

（三）鳖的运输

1. 运输前的准备

运输前的准备工作对鳖的安全运输至关重要。

（1）认真做好暂养工作。收购或捕捉的待运输的鳖，不能随意堆压或封装于草包、麻袋、竹篓、水缸或水桶内，要根据季节和起运时间采取妥善的暂养措施，做好暂时的饲养管理工作。春秋季节，可用水泥池暂养，在水泥池底铺 20 cm 厚的沙子，定时定量定质投喂饵料。要根据池水的变化情况及时换水，保持池水清洁，预防病害。冬季注意防止鳖受冻，应暂养在避风向阳的温暖的房间里，在地面上铺设 30～40 cm 厚的松软湿润的泥沙，让鳖钻入沙中潜伏。在高温季节，应在暂养池里铺上细沙，并放上水草，放鳖后盖上湿草袋，经常淋水，保持草袋湿润和清洁。

（2）运输计划和用具准备。运输前应制订周密的计划，准备好必要的设备和工具，根据季节、运输对象选择合适的运输工具、运输路线，尽可能缩短途中时间。

2. 稚鳖的运输

（1）塑料箱运输。塑料箱可使用食品工业用的周转箱，箱底和四周均有通气小孔，运输时数层叠放，因此运载量大，规格一般为 60 cm×40 cm×15 cm。运输前，箱底铺上一层水草，放鳖后再盖一层水草，淋一些水。途中每隔几小时淋水 1 次，保持一定的湿度。每层可装稚鳖 600 只左右。塑料周转箱亦可用于成鳖、亲鳖的运输，是现成而实用的运输箱。

（2）木箱运输。运输的木箱为杉木板与聚乙烯窗纱结构，箱体四周为木板框，木板上钻有若干孔径为 1.5 cm 的圆形小孔，便于通风，箱底装钉 25 目的聚乙烯窗纱，顶部备有纱窗箱盖，便于运输途中洒水及空气对流。木箱规格一般为 45 cm×35 cm×10 cm，箱与箱之间做有镶嵌槽，运输时便于各层之间相互套装严实，以防止稚鳖爬出木箱。一般地，每 4～5 箱叠成一组，在鳖装运前，先在箱底铺一层新鲜水草，放入稚鳖后再盖上一层水草。一般地每层木箱可运输稚鳖 400 只左右，一组可运输 1 600～2 000 只。这种方法采用的工具轻便，运载量较大，成活率高。

（3）鱼篓运输。鱼篓装运稚鳖有带水运输和湿法运输两种方法。

带水运输方法是在篓内先注水 10～20 cm，再装稚鳖 5 kg 左右，然后盖上防逃网。若路途较远时，要常换水，冬季运输要防冻。湿法运输方法是在篓内铺先铺一层水草，淋上少许水，将稚鳖放入后，再覆盖上水草，进行淋水，此法可装 3～4 层鳖，但只适用于数小时的短途运输。

3. 成鳖的运输

成鳖的运输包括商品鳖和亲鳖的运输。常用以下几种方法。

（1）桶运。一般地采用木桶或塑料桶，在桶底凿几个滤水孔。运输桶的规格为 90 cm × 60 cm × 40 cm。此法每桶可装成鳖或亲鳖 20 kg 左右，宜在低温季节运输。

（2）低温运输。采用运输桶进行低温运输，运输桶规格与上述相似，仅桶的高度增加到 55 cm 左右，桶底也凿几个滤水孔。此外在距桶底 1/3 处做成隔板，将桶分成上下两层，上层放 15 kg 左右冰块，下层可装 20 kg 左右鳖，这样可降低运输温度。低温运输适宜于高温季节使用。

（3）特制鳖箱运输。若路途遥远、天气炎热时，运输成鳖或亲鳖，可采用特制运输箱进行运输，以提高鳖的成活率。先将此运输箱内分成若干小格，要根据所装鳖的规格设计小格的大小，一般 1 小格只装一只鳖，格内先铺些水草，再将鳖侧放入小格内，装鳖后再盖上水草，以提高成活率。注意箱盖要钉牢或绑紧，防止运输途中鳖逃跑。为便于木箱淋水、滤水和通气，在木箱的箱盖、箱壁和箱底都设有小孔。这种方法运载量大，而且成活率有保证（图 3-22）。

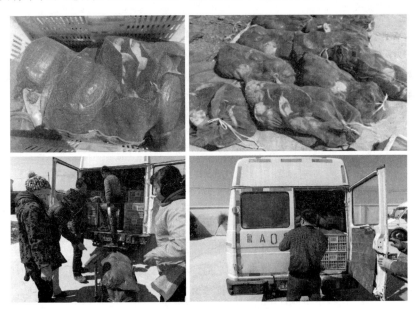

图3-22　鳖的运输

第五节　常见病害防治

中华鳖喜食田间昆虫，飞蛾等活饵，故田间虫害较少，一般可不使用农药。如果病害较严重，可喷洒高效低毒的农药和生物制剂进行防治，要严格按照"预防为主，防治结合"原则进行病害防治，投喂时每天清洗饵料台，定期对鳖沟进行消毒。为增强中华鳖体质和预防疾病发生，每20 d用20 kg饲料添加大蒜素50 g拌饵后投喂或将铁苋菜、地锦草或马齿苋等中草药拌入饲料投喂。在高温季节，每周使用生石灰水泼洒鳖沟一次，对鳖沟进行消毒，每半个月对鳖沟换水一次，换水量为鳖沟水体的1/3。本节重点介绍水稻及中华鳖常见病害与防治技术。

一、水稻病害及防治

稻鳖综合种养水稻病害防治的目的是达到水稻、土壤、水体及空气等构成的稻田生态环境无污染无公害，保证鳖的健康与品质。其防控方法要以生态调控为基础，生物防治技术为主，协调病害生态系统，调控相应的农田生态系统，禁止使用化学农药及化肥。

生态调控首先是通过对稻田工程进行生态改造，开挖环沟和鳖溜，投螺种草，构建稻田仿生态环境，实现稻鳖生态种养，提高水稻和中华鳖的品质，达到生产有机水稻和高品质中华鳖的目的。其原理是鳖在稻田中摄食水稻害虫及野生水草，可有效控制水稻的病虫害和杂草，鳖的粪便可为稻田提供有机肥料，水稻秸秆又可培育稻田中螺、蚬、贝、水蚯蚓及摇蚊幼虫等，为底栖动物提供充足饵料，而这些底栖动物又是鳖优良的天然饵料，有利于鳖的快速生长。因此稻鳖生态种养，互利共生，化害为利，既可提高稻田的经济效益，又有效解决了秸秆焚烧造成的环境污染问题，改善稻田的生态环境。

生物防治技术一是大力推广利用频振式杀虫灯诱杀稻螟虫、稻飞虱、稻纵卷叶螟等害虫成虫，可为鳖提供天然饵料。二是禁止对稻田害虫天敌如青蛙和稻田蜘蛛等的捕杀。三是大力推广堆肥、饼肥、植物残体等有机改良剂的施用，改良土壤微生物区系，促进植株生长，促进诱发抗性的产生，以防治水稻纹枯病为主的多种土传病害。四是严格控制大基本苗，大分蘖数，推广水稻小丛稀植，保证有效穗数。五是不宜种植过分密集的大群体，矮秆品种水稻，重点突出广泛利用抗病（虫）优质高产品种，实施品种（抗病基因）多样化，严防品种单一化。六是要一次性施足基肥。推广因田配方施肥和有机肥制剂、生物菌肥，制订氮、磷、钾的搭配使用标准，禁止使用化学氮肥。七是要注意合理排灌，提倡早控、早促、多露、轻晒的合理排灌方法，做到不贪青、不倒伏、不早衰。采用以水控肥、以水控菌、以水促长的湿润灌溉方法，达到健康栽培和控制病菌等病害蔓延危害的目的。

水稻病虫害分为真菌性病害、细菌性病害、病毒病和主要虫害，常见病虫害如下。

（一）真菌性病害

1. 稻瘟病

稻瘟病（见彩图 23）又称稻热病，是水稻为害最重的病害之一，在日照少、雾露持续时间长的山区和气候温和的沿江、沿海地区发病严重。病菌以菌丝体和分生孢子在稻草和稻谷上越冬，根据发病部位不同可分为苗叶瘟、叶瘟、节瘟、叶枕瘟、穗颈瘟、枝梗瘟、谷粒瘟。以 4 叶期至分蘖盛期和抽穗期最易染病。

防治方法：

① 采取"狠抓两头，巧治中间"的防治措施。即狠抓苗叶瘟和穗瘟，巧治叶瘟。选用抗病品种是防治稻瘟病的最有效的方法。水稻生长前期，实行浅水勤灌，适时适度烤田，后期干湿交替，促进稻叶老健。

② 孕穗破口期（即有 5% 左右穗出现时，一般 2 ~ 3d）是药剂防治的关键时期。当苗期或分蘖期，稻叶出现急性型病斑或有发病中心的稻田，或周围田块已发生叶瘟的感病品种田和生长嫩绿的稻田，或在孕穗末期叶病率在 2% 以上、剑叶发病率的 1% 以上的田块应及时进行喷药。常发区应在秧苗 3 ~ 4 叶期或移栽前 5 d 喷药预防苗瘟。穗颈瘟的防治适期在破口期和齐穗期。

③ 药剂可选用西大华特标安 + 易除、海利尔赛艳 2 000 倍液、国光克静 2 000 倍液、田园粉碎三瘟每亩 100 g、正邦润叶 1 000 倍液。叶瘟掌握在初发病期用药，防治穗颈瘟，一定要在破口初期施用。

2. 纹枯病

纹枯病（见彩图 24）是水稻经常发生且为害较重的病害，具有发生面广，发生率高，为害重，损失大的特点。病菌主要以菌核在稻田里越冬，菌核是最主要的初次侵染源。早稻中后期和晚稻中前期是纹枯病发生发展的盛期，尤以水稻抽穗前后最烈，以分蘖期和孕穗期最易感病。纹枯病是高温高湿的病害，也是多肥茂盛嫩绿型病害。水稻施肥多，生长茂盛嫩绿，天气多雨时，往往发生严重。长期灌深水，偏施迟施氮肥，造成水稻嫩绿徒长，田间郁闭、湿度增高，都有利于纹枯病的发展蔓延。

防治方法：

① 采取"在插秧前消灭菌源，插秧后加强肥水管理，并结合发病初期防治，确保水稻倒三叶完好"的防治策略。

② 每季耙田后要打捞漂浮在水面上的菌核，带出田外深埋或烧毁。施足基肥，早施追肥，不偏施氮肥，增施磷、钾肥，采用配方施肥技术，使水稻前期不披叶、中期不徒长、后期不贪青。灌水要掌握"前浅、中晒、后湿润"的原则，做到浅水分蘖，足苗露田，晒田促根，肥田重晒，瘦田轻晒，长穗湿润，不早断水，防止早衰。

③ 化学防治。纹枯病的防治适期为分蘖末期至抽穗期，以孕穗至始穗期防治最好。一般当水稻分蘖末期到圆秆拔节期丛发病率 10% ~ 15%、孕穗期丛发病率 15% ~ 20% 时，应用药防治。高温高湿天气要连续防治 2 ~ 3 次，间隔期 10 ~ 15 d。药剂防治有：田园稻枯停（驱纹）400 倍液、穗冠 2 500 倍液、西吗啉噻霉酮 750 倍液、江苏绿丰井冈蜡芽菌 200 倍液、正邦妙靓 1 500 倍液。

3. 胡麻叶斑病

胡麻叶斑病（见彩图 25）又称水稻胡麻叶枯病，以菌丝和分生孢子在谷粒和稻草上越冬。一般苗期最易感病，主要发生在水稻分蘖期至抽穗期。一般缺肥或贫瘠的田块，缺钾肥、土壤为酸性或沙质土壤漏水严重的田块，缺水或长期积水的田块，发病重。

防治方法：

① 施足基肥，增施有机肥，注意氮、磷、钾肥配施，尤其是缺钾田块要增

施钾肥。

② 药剂防治（可参照稻瘟病的药剂防治方法）。

4. 小球菌核病

病菌的菌核在稻草、稻桩上或散落在土壤中越冬。大田通常在分蘖期开始发生，孕穗以后病情逐渐加重，抽穗至乳熟期发展最快，受害也最重。在双季稻区，如5—6月及8—9月降雨多，湿度在90%以上，有利于发病；氮肥施用过多过迟，磷、钾肥缺少则发病重；田间后期断水过早，特别是孕穗期至抽穗灌浆期田间缺水，遇干旱，会加重发病（见彩图26）。

防治方法：

① 选用抗病良种，特别是加强肥水管理，是防治菌核病的关键。

② 要杜绝后期过早断水，增施钾肥。

③ 水稻圆秆拔节期和孕穗期结合纹枯病进行防治（防治药剂可参照纹枯病的防治）。

5. 恶苗病

恶苗病（见彩图27）又称徒长病，主要以菌丝和分生孢子在种子内越冬，带菌种子和病稻草是该病发生的初侵染源，伤口是病菌侵染的重要途径。一般旱育秧较水育秧发病重；籼稻较粳稻发病重，糯稻发病轻，晚播田发病重于早播田。

防治方法：选栽抗病品种。做好种子处理是关键，拔秧时要尽可能避免损伤秧根，可用先正达满适金5.25～8.75 g/100 kg 种子进行拌种（不建议浸种催芽后拌种），58.3～87.5 mg/kg 进行浸种，可全面防治水稻苗期病害。

6. 稻曲病

稻曲病（见彩图28）又称伪黑穗病、绿黑穗病、谷花病、青粉病，俗称"丰产果"。该病只发生于水稻穗部，为害部分谷粒。一般大穗型品种及晚熟品种发病重；偏施或重施氮肥以及穗肥用量过多、过迟造成贪青晚熟的水稻发病重。

防治方法：

① 选用抗病品种。发病的稻田在水稻收割后要深翻，以便将菌核埋入土中。水稻播种前注意清除病残体及田间的病原物。合理施肥，氮、磷、钾要配合使用，

不要偏施氮肥。

② 用药适期在水稻孕穗后期（即水稻破口前 5d 左右）。如需防治第二次，则在水稻破口期（水稻破口 50% 左右）施药，齐穗期防治效果较差。防治药剂可用 1.5% 噻霉酮水乳剂 600 倍液、1.6% 噻霉酮悬浮剂 1 000 倍液，配用 SMT 苯醚甲环唑 1 500 倍液，或用标安易除、田园穗冠喷雾防治。

7. 叶鞘腐败病

危害水稻剑叶鞘和穗部的一种真菌病害。低温条件下水稻抽穗慢，病菌侵入机会多，高温时病菌侵染率低，但病菌在体内扩展快，发病重。生产上氮磷钾比例失调，尤其是氮肥过量、过迟或缺磷及田间缺肥时发病重。此外，水稻齿叶矮缩病也能诱发典型的叶鞘腐败病（见彩图 29）。

防治方法：

① 减少初次侵染源。结合稻瘟病防治，及时处理稻草和带菌种子，秋冬季节清除田边杂草，制作堆肥，使之充分腐烂。

② 选育和推广抗病丰产品种。

③ 加强田间肥水管理，适施磷钾肥，增强植株抗病力。

④ 及时治虫，防止稻飞虱、叶蝉、螨类等对病菌的传播。

⑤ 在初穗期，结合防治稻瘟病进行药剂防治，或用国光三唑酮 600 ~ 800 倍液、大北农细康 800 倍液喷雾防治。在药剂中加入一定量的杀螨剂和杀虫剂，能收到更好的防治效果。

（二）细菌性病害

1. 水稻白叶枯病

白叶枯病（见彩图 30）是由黄单胞杆菌属侵染引起的一种细菌病害，也是国内检疫对象。播种后由叶片水孔和伤口侵入，借风雨、露水、灌溉水和管理人员的走动等传播蔓延。成株期常见的典型症状有叶缘型，还有急性型、凋萎型、中脉型和黄化型。深水灌溉、洪涝淹水、串灌、漫灌、氮肥过多、生长过旺均有利于病害发生。感病时期以孕穗期最易感病，分蘖期次之。

防治方法：关键是要早发现、早防治，封锁或铲除发病株或发病中心。秧田在秧苗 3 叶期及拔秧前 3 ~ 5 d 用药；发病株和发病中心，大风暴雨后的发病田及邻近稻田，受淹和生长嫩绿的稻田，是防治的重点。大田在水稻分蘖期及孕穗期的初发阶段，特别是出现急性型病斑，气候有利于发病，则需要立即喷药防治，发现一点治一片，发现一片治全田。秧田期在秧苗 3 叶期和移栽前 5 ~ 7 d 喷金霉唑噻霉酮 600 ~ 800 倍液，或易除噻霉酮 1 000 倍液，或叶润 750 倍液 1 ~ 2 次，严防病菌进入本田。

2. 细菌性条斑病

细菌性条斑病（见彩图 31）又称细条病、条斑病。主要为害叶片。病斑初为暗绿色水浸状小斑，很快在叶脉间扩展为暗绿至黄褐色的细条斑，大小约 1 mm × 10 mm，病斑两端呈浸润型绿色。病斑上常溢出大量串珠状黄色菌脓，干后呈胶状小粒。白叶枯病斑上菌溢不多不常见到，而细菌性条斑上则常布满小珠状细菌液。发病严重时条斑融合成不规则黄褐至枯白大斑，与白叶枯类似，但对光看可见许多半透明条斑。病情严重时叶片卷曲，田间呈现一片黄白色。

防治方法：参照白叶枯病的防治方法。

3. 细菌性基腐病

细菌性基腐病（见彩图 32）在分蘖盛期和齐穗期发病最重。早稻在移栽后开始出现症状，至抽穗期进入发病高峰。晚稻秧田即可发病，至孕穗期进入发病高峰。

防治方法：目前尚无较有效的化学防治药剂，因而做好预防最重要。选用高产抗病品种，做好种子处理是关键，可用先正达满适金 5.25 ~ 8.75 g/100 kg 种子进行拌种（不建议浸种催芽后拌种），58.3 ~ 87.5 mg/kg 进行浸种，可有效预防基腐病的发生。其次加强肥水管理，增施有机肥料和氮、磷、钾三要素合理搭配，培育壮秧。移栽前要重施"起身肥"，使秧苗易拔易洗，避免秧苗根部和茎基部受损。提高秧苗质量，避免深插，以利秧苗返青快，分蘖早，长势好，增强抗病力，以减轻病害发生。或用金霉唑噻霉酮 600 ~ 800 倍液、易除噻霉酮 1 000 倍液、西吗啉噻霉酮 1 200 ~ 1 500 倍液 1 ~ 2 次，发病 5% 时开始喷施，间隔 10 d 再喷一次，均有很好的控制效果。

（三）病毒病

1. 条纹叶枯病

水稻条纹叶枯病（见彩图 33）俗称水稻上的癌症、非典，是由灰飞虱传播的一种病毒病，具有爆发性、间隙性、迁移性的特点。灰飞虱可经卵传毒，水稻秧苗期至分蘖期最易感病，稻株发病后心叶卷曲发软，老叶条纹状，远看似条心虫危害状，稻株矮化，形似坐棵，病株分蘖减少，发病植株不能抽穗或抽畸形穗，对产量损失较大。

防治方法：

① 坚持"预防为主，综合防治"的植保方针，采取"切断毒源，治虫防病"的防治策略，狠治灰飞虱，控制条纹叶枯病。

② 抓好灰飞虱防治。开展灰飞虱防治，清除田边、地头、沟旁杂草，减少初始传毒媒介。

③ 突出重点抓好秧苗期灰飞虱防治。油菜收割期秧田普治灰飞虱，用海利尔万里红 1 500 倍液、瑞德丰胜虱 1 500 倍液均匀喷雾，移栽前 3 ～ 5 d 再补治 1 次。

④ 抓住关键控制大田危害。在水稻返青分蘖期每亩用田园金级高位 10 g，兑水 30 kg 均匀喷雾，防治大田灰飞虱。水稻分蘖期大田病株率 0.5% 的田块，用正邦欧奔（20% 吗啉呱 +10% 吡虫啉）（秧苗期禁用）均匀喷雾防治，可同时防治水稻条纹叶枯病和稻飞虱。

2. 黑条矮缩病

黑条矮缩病（见彩图 34）俗称"矮稻"。主要由灰飞虱带毒传播。病毒不能经虫卵传到下代，灰飞虱一经染毒，能终身保毒。主要症状表现为分蘖增加，叶片短阔、僵直，叶色深绿，叶背的叶脉和茎秆上现初蜡白色，后变褐色的短条瘤状隆起，不抽穗或穗小，结实不良。不同生育期染病后的症状略有差异。苗期发病心叶生长缓慢，叶片短宽、僵直、浓绿，叶脉有不规则蜡白色瘤状突起，后变黑褐色。根短小，植株矮小，不抽穗，常提早枯死。分蘖期发病新生分蘖先显症，主茎和早期分蘖尚能抽出短小病穗，但病穗缩藏于叶鞘内。拔节期发病剑叶短阔，穗颈短缩，结实率低。叶背和茎秆上有短条状瘤突。

防治方法：可参照条纹叶枯病的防治方法。

（四）主要虫害

1. 三化螟

三化螟（见彩图35）只危害水稻，是一种单食性的害虫。

形态特征：成虫前翅呈三角形。雌蛾前翅淡黄色，中央有一个黑点，腹部末端有一束黄褐色绒毛，产卵后脱落。雄蛾前翅淡褐色，翅尖至内缘中央附近有一斜带，中央有一个黑色点，外缘七个黑点。卵块长椭圆形，中央稍隆起，覆盖黄褐色绒毛，卵块内卵粒，中央三层，边缘一、二层。幼虫体为乳白色或淡黄绿色。腹足不发达。蛹初为黄白色，后变黄绿色，雄蛹触角长达翅长的7/8，后足伸长达第七或第八腹节。雌蛹触角长达翅长的1/2，后足伸长达第六腹节。

发生特点：成虫口器退化，白天静居在稻丛中，黄昏开始活动，有强烈的趋光扑灯习性，夜间交尾和产卵。在产卵时有选择生长嫩绿茂密的水稻产卵。秧田卵块多产于叶尖，大田卵块多产于稻叶中、上部。雌蛾一生可产卵1~5块，卵粒100~200多粒。

初孵幼虫叫蚁螟，蚁螟破卵壳后，以爬行或吐丝漂移分散，自找适宜的部位蛀入危害。秧苗期蛀入较难，侵入率低。分蘖期极易蛀入，蛀食心叶，形成枯心苗。幼虫一生要转株数次，可以造成3~5根枯心苗，形成枯心塘。圆杆拔节期蚁螟侵入较难，孕穗到破口露穗期为蚁螟侵入最有利时机，也是形成白穗的原因。幼虫转移有负苞转移习性。幼虫老熟的第一、二代在近水面处稻茎内化蛹。越冬幼虫在稻桩结薄茧过冬，4—5月在稻桩内化蛹。

2. 纵卷叶螟

危害水稻的纵卷叶螟（见彩图36）有两种，稻卷叶螟和显纹纵卷叶螟。四川省稻纵卷叶螟在20世纪50年代零星发生，60年代局部地区间歇发生成灾，到70年代严重发生，已成为水稻主要害虫之一。

发生特点：稻纵卷叶螟晚间活动，有趋光性，向嫩绿茂密的稻株产卵。稻纵卷叶螟产卵分散，一处产一卵，少数一处产2~3粒。显纹纵卷叶螟产卵在稻叶背面，以三五粒排成鱼鳞状。有远距离迁区和群集特性。

初孵幼虫先在心叶或嫩叶上取叶肉，随后吐丝，纵卷单叶管状虫苞，一苞一

虫，三龄后转移危害，虫龄增大，虫苞扩大，危害越为严重。每头幼虫能食害 5 ~ 9 叶（显纹卷叶螟的虫苞有 1 ~ 4 头，多达 7 头）。

3. 稻飞虱

稻飞虱（见彩图 37）以褐色灰飞虱和背飞虱危害最大。稻飞虱一般都躲在稻田中间稻株下部的叶鞘和茎的组织内，刺吸稻茎的汁液，稻苗被害部分出现不规则的长形褐斑，严重时，稻株基部变为黑褐色。由于茎组织被破坏，养分不能上升，稻株逐渐凋萎而枯死，或者倒伏。水稻抽穗后的下部稻茎衰老，稻飞虱转移上部吸嫩穗颈，使稻粒变成空壳或半饱粒，同时灰飞虱能传播水稻病毒病。

稻飞虱种类很多，危害水稻的主要有褐飞虱，白背飞虱和灰飞虱。

防治方法：

① 滴油杀虫。每亩滴废柴油或废机油 400 ~ 500 g，保持田中有浅水层 20 cm，人工赶虫，虫落水触油而死亡。治完后更换清水，孕穗期后忌用此法。撒毒土，每亩用 1.5 kg 乐果粉、2 kg 湿润细土撒施。

② 用药喷施。用 40% 乐果乳剂 0.5 kg 加水 800 ~ 1 000 kg 喷施。

4. 稻苞虫

稻苞虫（见彩图 38）又叫卷叶虫，常常几年发生一次，导致水稻大幅度减产。稻包虫常见的有直纹稻苞虫和隐纹稻苞虫，以直纹稻苞虫最为普遍。有些地区间歇发生，在山区和丘陵区为常发的虫害。

发生特点：成虫白天飞行敏捷，每天上午 8：00—11：00，16：00—18：00 最为活跃，食喜苞类、芝麻、黄豆、油菜、棉花等的花蜜。凡是蜜源丰富地区，发生危害严重。每天雌虫平均产卵 120 粒左右。产卵散产，有稻叶背面近中脉处，一张稻叶上产 1 ~ 2 粒，多有 6 ~ 7 粒。1 ~ 2 龄幼虫在叶夹或叶边缘纵卷成单叶小卷，3 龄后卷叶增多，常卷叶 2 ~ 8 片，多可达 15 片左右，4 龄以后呈暴食性，占一生所食总量的 80%。白天苞内取食，黄昏或阴天苞外危害，一生食稻叶 10 多片，使植株矮小，穗短粒小成熟迟，无法抽穗，影响开花结实，严重时期稻叶全被吸光。

稻苞虫第一代危害杂草和早稻，第二代危害中稻及部分早稻，第三代危害迟中稻和一季晚季稻，虫口多，危害重，第四代危害晚稻，世代重叠，第二、第三代危害最重。稻苞虫主要发生在 6—7 月，雨量多，湿度高，对稻苞虫有利对天敌不利。

防治方法：每亩用 2.5% 敌百虫粉 2 kg 喷粉或甲六粉 1 kg 加细土 10 kg 撒毒土。用 90% 晶体敌百虫 150 g 加水 80 ～ 100 kg 喷雾。

二、中华鳖病害及防治

（一）水产动物疾病预防与诊断

水产动物疾病是指在一定条件下，病因与水产动物相互作用引起机体自我调节紊乱后表现出的损伤与抗损伤斗争的异常生命活动。水产动物发病状态下，其机体出现各种机能、代谢、形态结构的异常变化，并伴随有相应的症状、体征和行为异常。水产动物疾病是致病因素作用于水产动物机体，扰乱机体正常生命活动而导致生命活动异常。水产动物疾病发生，是各种致病因素与机体相互作用的结果。正确认识水产动物疾病发生的原因和条件，有利于理解疾病的本质，从而探究有效的预防和治疗措施。

1. 水产动物疾病发生的原因与条件

水产动物疾病发生的原因，简称病因，是引起疾病并决定疾病特异性的特定因素。水产动物疾病发生的条件，简称致病条件或条件，是能够促进或阻碍疾病发生发展的因素。其中，能够通过作用于病因或机体促进疾病发生发展的因素称为疾病的诱发因素，简称诱因。

（1）水产动物的病因。水产动物病因多种多样，但从来源角度可分为内因和外因。内因就是水产动物本身的原因，也称为宿主因素；外因主要指病原因素和环境因素。从性质角度上看，病因可以分为生物性病因、化学性病因和物理性病因。

①生物性致病因素。引起水产动物的生物性致病因素，主要包括感染性因素（有时也称为病原或病原体）和敌害生物。引起水产动物的病原主要包括致病微生物（如病毒、细菌、真菌、螺旋体、立克次体、衣原体、支原体、螺原体）和寄生虫（如原虫、单殖吸虫、复殖吸虫、绦虫、线虫、棘头虫、寄生蛭类和寄生甲壳类）。水产动物的生物性致病因素除病原外，还有各种能捕食或侵袭水产动

物的敌害生物（如水蛭、蛙类、蛇类、蚂蚁、鸟类及兽类）。

②化学性致病因素。引起水产动物疾病的化学性致病因素主要来自养殖水环境和养殖投入品（如渔药、肥料、饵料等）。各种化学物质如果超出了水产动物的承受限度，都可能对水产动物造成损伤。如水体中氢离子浓度过高（水体偏酸）或过低（水体偏碱）、氨氮过高、亚硝酸氮过高、硫化氢过高、溶解氧过低、盐度变化、各种重金属离子超标；各种渔药、农药、兽药、肥料中的化学物质超出水产动物的耐受能力；饵料中含有的毒素（包括各种微生物、植物和动物产生的生物性毒素）、重金属等及各种持久性的环境有机污染物，都是水产动物化学性致病因素。

此外，饲料或饵料投喂不足，或所包含的营养物质不能满足养殖动物的最低需要，动物往往生长缓慢或停止，身体瘦弱，抗病力降低，严重时就会出现明显的症状甚至死亡。营养成分中容易发生问题的是缺乏维生素、矿物质、氨基酸，其中，最容易缺乏的是维生素和必需氨基酸。不饱和脂肪酸的腐败变质也是致病的重要因素。

③物理性致病因素。机械力损伤、热、声、光、磁、电、辐射等物理因素超过水产动物的耐受都会对其造成损伤，引起疾病。

首先是机械损伤，在捕捞、运输和饲养管理过程中，往往由于工具不适宜或操作不小心，使饲养动物身体受到摩擦或碰撞而受伤。受伤处组织损伤，机能丧失，或体液流失，渗透压紊乱，引起各种生理障碍以至死亡。除了这些直接危害以外，伤口又是各种病原微生物侵入的途径。

其次是水温突变，无论是苗种转移时，转出水体、运输水体、转入水体的温差过大（大于2℃以上），还是自然热潮或寒流，均会引起水产动物机能紊乱和损伤。

此外，过强的光线刺激或紫外线照射、气压的剧烈变化、声音的惊扰、电流刺激、电离辐射都会引起水产动物应激或损伤。

④水产动物疾病发生的内因。一方面来源于先天不足，如先天性或遗传的缺陷，如某种畸形；另一方面来源于后天不足，如水环境不适、饵料中营养素的不足或过多、管理不当、各种毒物引起的急性或慢性中毒、外伤等引起水产动物屏障缺损或功能减退或免疫机能下降，都会导致水产动物患病。

这些病因对养殖动物的致病作用，可以是单独一种病因的作用，也可以是几种病因混合的作用，并且这些病因往往有互相促进的作用。

（2）水产动物发病条件。疾病的发生除了病因外，还需要一定的发病条件。条件可以促进或拮抗疾病的发生，其中能促进疾病发生的原因称为诱因。由于条件不同，即使有病因（特别是病原）存在，疾病可能发生也可能不发生。疾病发生的诱因，可分为水产动物（宿主）自身和外界环境两个方面，前者包括种类、年龄、性别和健康状况等；后者包括气候、水质、饲养管理和生态环境等。需要特别强调的是水产动物携带病原体的现象非常普遍，但如果环境适宜、营养适当、水产动物机体抗病能力强，就不会发病；否则，在各种应激条件下，宿主抵抗力下降，就会引起发病。

需要强调的是病因和条件之间的界限或区别不是绝对的，很多时候两者可以相互转化；很多时候两者对疾病的发生发展协同推进，不可分割。因此，在诊断、预防和治疗疾病时，需要综合考虑两者及其关系。病因就像主要矛盾或矛盾的主要方面；条件就像是次要矛盾或矛盾的次要方面。

水生动物的疾病，是病原、宿主和环境三者互相影响的结果。国外学者将疾病与这三者的关系总结为一个公式：$D=H+P+S^2$，其中 D 代表疾病、H 代表宿主（水产动物）、P 代表病原、S 代表各种环境（除病原以外的环境因素）引起的应激。由此可见，环境因素引起的应激在水产动物疾病发生中尤为重要。

①病原。水产动物的病原种类很多。不同种类的病原对宿主的毒性或致病力各不相同，就是同一种病原在不同生活时期对宿主的毒性也不相同。

病原在宿主上的累积必须达到一定的数量时，才能使宿主发病。有些病原（如病菌）侵入宿主后，开始增殖，达到一定数量后，宿主才开始显示出症状。从病原侵入宿主体内后到宿主显示出症状的这段时间叫做潜伏期。各种病原一般都有一定的潜伏期，了解病原的潜伏期可以作为预防疾病和制订检疫计划的依据和参考。但是应当注意，潜伏期的长短并不是绝对固定不变的，它往往随着宿主身体条件和环境因素的变化而有所延长或缩短。

病原对宿主的危害主要表现在三个方面：夺取营养、机械损伤、分泌有害物质。

②宿主。宿主对病原的敏感性有强有弱。宿主的遗传性质、免疫力、生理状

态、年龄、营养条件、生活环境等都能影响宿主对病原的敏感性。

③环境条件。水域中的生物种类、种群密度、饵料、光照、水流、水温、盐度、溶氧量、酸碱度、有毒物质及其他水质情况都与病原的生长、繁殖和传播等有密切的关系，也严重地影响着宿主的生理状况和抗病力。

总之，病原、宿主和环境条件三者有极为密切的相互影响的关系，这三者相互影响的结果决定疾病的发生和发展。在诊断和防治疾病时，必须全面考虑这些关系，才能找出其主要病因所在，采取有效的预防和治疗方法。

2. 水产动物常见疾病

按病原（或病因）可将水产动物疾病分为由生物性因素引起的疾病和非生物性因素引起的疾病。生物性因素引起的疾病是指由微生物、寄生虫和敌害生物引起的疾病；具体包括由病毒引起的疾病，如草鱼出血病、鳖红脖子病、对虾白斑病等；由细菌引起的疾病，如烂鳃病、肠炎病、疖疮病、腐皮病等；由真菌引起的疾病，如水霉病等；由寄生虫引起的疾病，黏孢子虫病、车轮虫病、绦虫病等；由藻类引起的藻类附着、中毒等；非生物性因素引起的疾病包括化学因素或物理因素引起的疾病，如由营养因素引起的缺乏症或"肥胖症"；由环境物理因素引起的冻伤、气泡病等。

（二）水产动物疾病的预防

根据疾病发生的原因（病因）和条件，应从增强机体抵抗能力、控制环境和消灭病原三方面做好疾病的预防工作。

1. 增强机体抵抗力

当病原体存在时，并不一定会引起水产动物（宿主）发病，宿主抵抗能力这一内因就显得格外关键，很多情况下，病原体更容易引起体质弱的水产动物发病。因此，为了使水产动物不得病或少得病，最根本的办法是增强其机体的抵抗力。具体措施有：

①选择和培育抗病力强的水产动物品种。在养殖生产中，人们常常发现一些发病严重的水域，大部分种类因病而死亡，有少数种类安然无恙地生存下来。这些生存下来的种类，可能由于其本身有较强的抵抗能力，或体内产生了某种抗体，

对病原体有免疫作用。实践证明，这种天然免疫筛选在水产动物中广泛存在，而且还可以通过选育、杂交和人工免疫等方法获得抗病力强的群体。

②改进饲养管理。合理、科学的饲养，是提高水产养殖动物机体抵抗力的有效措施之一。在这方面，广大渔民具有丰富的经验。如合理混养，可发挥养殖对象间的互补互利作用；合理密度，可减少养殖种类在水体空间、饵料等方面的竞争；合理选择饲料和投饵，可增强体质；调节和控制好水质，也是保证养殖对象身体健康的有效措施。

2. 控制环境

创造良好的养殖生态环境有利于避免或减少水产养殖动物疾病的发生。因此，在建设养殖场之前，应对水源和周围环境进行详细调查，确保水源水质和建池土壤符合相关国家标准，确保防病工作不受自然和人为因素的干扰；在设计进排水系统时，应使每个养殖池的进排水系统独立，即应有独立的进、排水口，以防止和避免疾病因水流而发生传播或扩散；从环保和节水的角度考虑，水产养殖场应有蓄积废水的池塘和净化水质的理措施，具有用水的自净能力。

3. 控制和消灭病原

①建立水产检疫制度。水产苗种购入和售出均会带来病原传播和扩散的风险。因此，要树立防疫意识、重视检疫工作。水产养殖工作者可根据疾病学知识进行检验，必要时将可疑苗种送至有关检疫和研究单位进行检验。

②彻底清塘，保持水体清洁，为水产动物创造良好的生活环境。养殖池塘是水产养殖动物栖息和生活场所，也是病原体滋生和繁殖的场所，池塘环境直接影响水产养殖动物的健康。所以，做好养殖池的清整工作尤为重要，通常用生石灰、漂白粉和二氯异氰尿酸钠等药物彻底清塘。

③苗种放养时，要通过药物浸洗（药浴）进行体表消毒或杀虫。苗种浸泡常用药物和浸泡时间如下：20 ~ 40 mg/L 高锰酸钾浸泡 15 ~ 20 min，2% ~ 4% 食盐浸泡 5 ~ 10 min，0.7 mg/L 硫酸铜浸泡 5 ~ 10 min，10 ~ 20 mg/L 漂白粉浸泡 10 ~ 15 min，10 mg/L 的 90% 晶体敌百虫浸泡 15 min。

④饲养过程中，应经常对工具和食场进行消毒。网具用 10 ~ 20 mg/L 的硫酸铜或高锰酸钾浸洗。食场除每天清洁外，每隔 1 ~ 2 周用漂白粉消毒 1 次，将

250 g 漂白粉用 10 ～ 15 kg 水溶解，在食场水面泼洒。

⑤疾病流行季节前，采用投喂药饵和全池泼洒药物的方法进行预防疾病。体内病原体的预防，通常采用投喂药饵方法，将药物均匀混合在饲料中，制成药饵投喂。

（三）水产动物疾病的检查和诊断

1. 病态与健康的鉴别

病体和健康个体无论在外观表现和内部组织或生理上都有区别，大多数疾病要用多种检测手段才能确诊，有些则可以通过临诊征象判断。判断病体和健康个体的主要临诊征象有：

（1）活动特征。健康个体游动正常，活泼，反应灵活；病体活动缓慢，反应迟钝，离群独游，或作不规则的狂游、打转，或平衡失调。

（2）体色和体态特征。健康个体体表（鳞片）完整，体色鲜艳，有光泽；有病个体体色发黑或退色，失去光泽，有时出现异常的白色、红色。有时黏液增多（或减少），鳞片脱落，鳍条缺损，身体消瘦，腹部膨大，肛门红肿等。

（3）摄食情况。健康个体觅食频繁，摄食旺盛，食量大；病态个体食欲减退，摄食缓慢或不摄食，或接触到饵料也不摄食。

（4）剖检特征。健康个体的鳃丝完整、鲜红，肠道均匀、光滑，肝胰脏、肾脏为紫红色，胆囊大小正常，胆汁黑绿色；病态个体常出现鳃丝缺损、发白，肠道无光泽或有节或糜烂，肝胰脏和肾脏颜色变浅，胆囊肿大，胆汁颜色浅或颜色变深，腹腔有积水等。

2. 发病的现场调查

水生动物发病、死亡的原因很多，为了较确切地诊断病征和发病原因，必须对发病现场做周密调查。

（1）发病情况调查。包括水体放养种类、时间、数量及其来源，发病或死亡的种类、规格、时间和数量，病态个体的活动、摄食表现，有无发病史等。

（2）饲养管理情况调查。包括饵料及其质量、来源，投饵时间和数量，有无拉网、注水、泼洒药物和投喂药饵等。

（3）饲养环境调查。要对水源的水质、养殖池水质、气候和天气，特别是溶氧、pH、氨氮、亚硝酸氮、硫化氢及有毒物质等进行详细调查，还要对有无污染情况等进行调查。

3. 初步检查和诊断

一般可采用肉眼检查（目检）和显微镜检查相结合的方法。

（1）取材。应选择正在发病的个体作为检查材料。为了准确和有代表性，一般要检查病状相同的个体 3 ~ 5 尾，保存和运输应用原池水，以保持鲜活状态。由于近年养殖环境和饵料质量下降，在临床检查时除了要检查具有典型症状的患病水产动物外，还要检查临床上外观和摄食正常的个体 3 ~ 5 尾，为养殖水产动物的接触的水环境史、营养史和管理史，提供参考。

（2）检查的顺序。疾病检查要按一定顺序进行，原则上是从头到尾、从上到下，由表及里。先检查体表裸露部位，然后检查血液和脏器组织。对内脏器官的检查，应该先检查实质器官，再检查腔状器官。体表、鳃、肠道、肝胰脏和胆囊为必须检查的部位，检查要尽可能全面和仔细，不要放过任何组织和器官，也不要放过任何异常情况。

（3）诊断。疾病诊断是较复杂的一环，初学者或缺乏经验者都要从实践中反复学习才能掌握。有些疾病只是单一的感染，有些则是多种病原混合感染。有些疾病凭目检就可以诊断，但大多数疾病还需要镜检，有时还要靠微生物学、组织学、病理学、病毒学和生化等技术或手段才能确诊。随着水产养殖业发展，新的养殖对象、新的病种不断出现，更增加了诊断的难度。

疾病诊断中，要把病原分析与其危害性、侵袭力、毒性、数量，环境条件和宿主抵抗能力等多种因素结合起来进行。少量的病原体在正常条件下不足以致动物死亡，只有在环境条件恶化，病原体毒力、数量达到一定时才能导致死亡。

（四）鳖病发生的原因

在自然界生活的野生鳖，由于种群密度小，生命力强，一般很少患病。但在人工饲养条件下，由于鳖在饲养过程始终处在人工控制条件下，其生活环境发生了很大变化，很容易导致病害发生。我国自 20 世纪 80 年代开展人工养殖中华鳖以来，随着工厂化养殖程度的不断提高和市场经济的高速发展，鳖的年产量由当初不足千吨，到 2012 年达到 31 万 t，成为世界最大鳖生产和出口国。随着养殖环境过度开发与恶化，强大的经济利益驱使，造成盲目、无序化种苗引进，乱杂交引发的种源污染，种质无优选导致的苗种退化，乱用、滥用促生长素和抗生素等一系列问题日益严重，加速鳖的生长环境更加恶劣，品质越来越差，病害越来越严重。据不完全估计，全国养鳖业因病害导致的年经济损失达数亿元，约占总产值的 2% ~ 6%，触目惊心！个别管理上混乱的生产单位，因鳖病害导致连年亏损直至倒闭，因此必须加强病害防治与管理。

鳖的病害防治必须坚持无病预防、有病早医、防重于治的原则，只有采取综合预防措施才能减少疾病发生。生产管理上重点抓好以下几个关键环节：选择优质鳖种源，把好苗种质量关；进苗种时做好消毒灭菌，严控病原带入；构建良好生态养殖环境，引入无污染水源；合理放养的密度；加强饲料质量管理；定期水质调控、投喂药饵、水体消毒；加强巡塘管理，做好日志。

1. 水温变化

鳖是变温动物，体温随外界环境温度的变化而变化，所以养鳖水温不能发生急剧变化。水温的急剧变化会严重地影响鳖的抵抗能力，降低免疫力，从而导致各种疾病的发生。在不同的生长发育阶段，鳖对水温的变化忍耐力不同。在适宜温度范围内，稚鳖温差不超过 3℃，幼鳖、成鳖不超过 5℃。若气温、水温过高，鳖会发生热休克；若水温偏低，会感冒；若水温过低，则会发生冷休克。

2. 放养密度不合理

放养密度与疾病的发生关系密切。密度过大，鳖的代谢产物及残饵多，会造成水质败坏，病原体繁殖快，鳖感染病原体机会多，为疾病传播流行创造了有利条件，因此要注意采取合理的放养密度进行养殖。目前，合理的放养密度要视养殖条件、养殖水平的高低和水源条件而定。

3. 营养不良

鳖是以肉食性为主的杂食性动物，在饲养过程中，如长期投喂营养不全面的饲料，则会因营养不能满足鳖的生长需要而使鳖产生营养性疾病，从而降低鳖的抗病力，易感染病原体，造成鳖病流行。例如，饲料中缺少维生素 E，亲鳖性腺发育不良，繁殖力降低，产卵量减少，并患脂肪肝，有腹水，使抗病力降低，还特别容易感染毛霉病、水霉菌和绵霉菌等多种水生真菌。

4. 饲养管理不当

鳖的饲料投喂应严格按照"四定"原则进行。不能有时投喂，有时不投，造成时饱时饥，摄食不匀，降低鳖的抵抗力，引发疾病，要根据每日的摄食量进行适当增减。不能投喂难以消化或变质的饵料，如有些养殖场用小干鱼直接投喂，鳖不易摄取而且难以消化；有的投喂变质的螺蛳、猪血或未经消毒的蝇蛆等动物性饵料；还有的将配合饲料直接投在水中造成水溶性 B 族维生素、维生素 C 溶解于水，从而造成营养损失浪费。所有这些做法都可能降低鳖的抵抗力差、体质变弱，从而直接诱发鳖病。

5. 病原微生物

引起鳖病的病原微生物主要是病毒、细菌和真菌。研究表明，鳖体内存在着多种病毒，部分病毒可以导致较高的死亡率。如果在恶劣的养殖环境条件下，即使毒力较低的病毒也可能引起鳖病发生，或者对其正常的生长带来障碍。大多数细菌只有在养殖水环境恶化的情况下，才能增强其致病性，从而导致鳖的各种细菌性疾病的发生。因此，细菌性疾病通常被认为是鳖的次要的或者是与养殖环境恶化有关的一类疾病。真菌是最主要的病原微生物之一，同细菌引发的鳖病相似，真菌引起的鳖病也与养殖水环境恶化有关，可以通过改善养殖水环境、营造仿生态环境等措施，达到有效控制真菌性疾病蔓延的目的，如腐皮病就是由这类病原微生物引起的。某些种类的真菌还能够引起鳖发生其他疾病。

6. 养殖水环境

养殖水环境恶化包括水质恶化、重金属污染及化肥农药使用等多方面，水环境恶化会导致鳖病不同程度地发生，引起鳖大量死亡。

（1）水质恶化。养鳖水体水质恶化是引起鳖病的一个重要因素。鳖能够生存的 pH 值在 6.0 ~ 9.0，也就是说 pH 值为 6 和 9 分别是鳖生存的最低和最高临界值，所以在运输、放养、换水时，水体的 pH 值均不能超出临界值。一般地，在最适弱碱性水中（pH 值为 7.2 ~ 7.8），鳖生长速度快，疾病少。如果鳖生活在酸性水或弱酸性水中（pH 值为 6.0 ~ 6.8），则鳖的生长速度慢，易感染疾病。通常，适宜鳖生活的水中溶解氧含量为 4 ~ 5 mg/L，由于鳖喜静怕惊，尽管鳖是用肺呼吸，但是一旦遇到意外，受到惊吓时，会立刻潜入水中呼吸水中的溶解氧。如果鳖从低氧的水体骤然进入富氧的水体中，则对鳖的影响较小；反之，如果鳖从富氧的水体中骤然进入低氧的水体中，由于缺氧、适应能力差，会造成鳖不摄食，轻则引起鳖体质消瘦，重则致病死亡。养鳖水体的其他水质都要符合国家颁布的渔业水质标准。

水体中的溶解氧主要来自于藻类的光合作用。如水体中流入污染物或水体浑浊等，则各种藻类会因光照不足而引起光合作用减弱，导致藻类繁殖生长不旺，水体自净能力下降。部分藻类可能会因长时间光照不足及泥土等的絮凝作用而沉入底泥死亡，在底泥中微生物作用下进行厌氧分解，产生氨氮、亚硝酸盐及硫化氢等有害物质，使水体中有害物质积累。当水体中这些有害物质超过一定浓度时，就会引起鳖发生慢性或急性中毒，造成鳖大量死亡。

水质调节可减少鳖病发生，但不恰当地进行水质调节，会导致水质恶化，因此需采用生物方法正确地进行水质调节。在稻鳖综合种养过程中，除做好水质调控外，还必须加强正常的疾病预防。如鳖发病时不要滥用药物，要经过准确诊断和必要的隔离，对症治疗。对于死鳖要及时处理，以免未感染的鳖由于摄食鳖尸体而被传染，导致鳖病的发生发展和蔓延。

（2）重金属污染。鳖对环境中的重金属具有天然较强的富集功能。这些重金属通常从肝胰脏和鳃部进入体内，相当大量的重金属尤其是铁会富集于鳖的肝胰脏中，肝胰脏内铁的大量富集可能对鳖的健康造成影响，甚至可能严重影响肝胰脏的正常功能。在鳖的上皮组织内含物中，也存在大量的重金属铁。养殖水体中高水平的铁是鳖体内铁的主要来源。

鳖对重金属具有一定的耐受性，但是如果养殖水体中的重金属含量超过鳖的耐受范围，就会最终导致鳖中毒死亡。工业污水中的汞、锌、铜、铅等重金属元素含量超标都是引起鳖重金属中毒的主要原因。

（3）化肥农药污染。稻鳖共生的稻田，禁止使用化肥和农药。稻田养鳖因一次性使用碳酸氢铵、氯化钾等化学肥料过量时，会引起鳖中毒。中毒症状为鳖起初不安，随后狂烈倒游或在水面上蹦跳，活动无力时，随即卧池底而死亡。养鳖稻田用药或用药稻田的水源进入鳖池，药物浓度达到一定量时，也会导致鳖急性中毒。症状为鳖竭力上爬，吐泡沫或上岸静卧，或静卧在水生植物上，或在水中翻动立即死亡。

（4）机械性损伤。捕捞、运输时操作不当，容易引起擦伤、压伤等机械性损伤。一旦鳖体受伤，水中致病病毒、细菌和真菌等很容易从伤口进入鳖体内。这也是引发鳖病的主要原因之一。

（5）其他因素。大多数发病水体都存在着鳖留存密度高、未及时捕捞、水草少、淤泥多、低溶氧或溶氧量过饱和等引发疾病的其他因素。如养殖水体中溶解氧含量低，会导致鳖缺氧，严重时窒息死亡。引发鳖病的其他因素主要表现在以下几个方面：

一是清塘消毒不当。鳖种放养前，没有彻底清整鳖池，鳖池中腐殖质过多，引起水质恶化；放养时，没有对鳖种体表消毒；放养后，也未及时对鳖和水体进行消毒，这些都会给病原体的繁殖感染创造了条件。此外，引种时未进行消毒，鳖种可能把病原体带入鳖池，如果环境条件适宜，病原体会迅速繁殖，对于体质较弱的鳖，就容易感染患病。刚建的新鳖池，必须用清水浸泡一段时间后再放水养鳖，否则，由于鳖对水体不适而引发疾病。

二是饲料投喂不当。鳖喜食新鲜饲料，如饵料不清洁或腐烂变质，或者盲目过量投饵，又不定时排污，则会造成鳖池残饵及粪便排泄物过多，引起水质恶化，给病原体创造繁衍条件，导致鳖病发生。此外，饵料中某些营养物质缺乏也会导致营养性障碍，甚至引起鳖身体颜色变化，如鳖由于日粮中缺乏类胡萝卜素就可能出现机体苍白。

三是放养规格不当。放养的鳖种需规格一致，若苗种规格不整齐，放养密度过大，投饵不足，则会由于争食而引起大小鳖相互殴斗，致使鳖体受伤，为病原菌进入鳖体打开"缺口"。

（五）鳖的常见敌害

鳖的敌害很多，目前已知的有 7 类，约 20 余种，从大的哺乳动物、小到鱼类及昆虫。对鳖危害最大的主要有鼠类、鸟类、两栖爬行类及昆虫类。

1. 鼠类

鼠类中危害最大的是水老鼠和黄鼠狼，从鳖卵到成鳖都会受到袭击。水老鼠不仅能吞食鳖卵和稚鳖，还能咬死吸食幼鳖及成鳖。此外，水老鼠喜到处掘洞，破坏防逃墙、产卵池和孵化槽，导致鳖的逃跑和鳖卵的死亡。由于水老鼠繁殖速度快，危害严重，因此养鳖场必须做好灭鼠工作，一旦发现，及时杀灭。黄鼠狼对成鳖的偷袭则更为严重，它能在水中潜行，捕杀鳖，对鳖的养殖危害很大。

2. 鸟类

主要是较大型利嘴的鸟类，如鸥、鹭、鸨鸶、鹰、乌鸦、翠鸟等，其中以鸥、鹭危害最大、最普遍。它们俯冲到水中能迅速捕捉稚、幼鳖，有时也袭击成鳖。

鸟类对鳖的危害主要表现在两个方面：即捕食稚鳖，传播疾病。鸟类经常活动于鳖池附近，吞食稚鳖，干扰成鳖正常生活，防不胜防。鸟类在捕食过程中，会将一些附着于鸟类体表上的病原体传播到其他地方。另外还有一些鸟类是很多鱼类病原体的中间寄主，如：鹭、鸿鹣、鸥鸟、翠鸟都可为复殖吸虫的第二中间寄主。鸟类数量大，活动范围广泛，传播疾病速度快，因此，鳖养殖场要采取枪击、网捕、诱饵钓捕等措施，使鸟受惊后，不敢靠近鳖池。室外稚鳖池上方要加盖金属防鸟网。

3. 两栖爬行类

主要是蛇、大型青蛙和蟾蜍等，其中以蛇危害最大。蛇能挖掘泥沙，吞食鳖卵，窜入水中吞食稚鳖，在稚鳖池中尤以水蛇危害最大。大型的青蛙和蟾蜍主要袭击体弱、壳软的稚鳖。

4. 昆虫类

主要是蚂蚁、螨和蚊子，其中蚂蚁对稚鳖的危害较严重。蚂蚁嗅觉特别灵敏，孵化刚出壳的稚鳖、腐臭的鳖卵等均带有血腥味，会引来成群的蚂蚁将鳖咬死。因此，孵化房附近要经常清扫、冲水。一旦发现孵化房内有蚁群，要顺着蚁群行走路线，找出蚁窝，全部彻底灭杀。如果是采用室外孵化槽孵化鳖卵，那么孵化槽周围一定要建小水沟，以防蚂蚁的入侵。螨和蚊子主要是叮咬鳖体，引起皮肤肿块，传染病原体，严重时会导致鳖的死亡。

（六）鳖病害的预防措施

1. 生态预防

生态预防就是要为中华鳖营造良好的生态环境，构建适宜水稻正常生长和鳖健康生活的仿自然生态系统，以减少或降低水稻和鳖的病害发生。养殖稻田是一个复杂的生态系统，其物质和能量输入很大，物质输入主要是大量残饵和中华鳖等水生动物的粪便，能量输入主要来自浮游藻类、水生维管束植物等光合作用所固定的能量。而系统的物质输出主要是由鳖等水生动物少量带出，能量输出主要是鳖及水生生物，如藻类、浮游动物呼吸代谢作用释放的能量，以及微生物分解有机物所释放的能量。因此，系统的物质和能量输入远大于输出，大量的物质和能量滞留于系统中，造成系统极不平衡。若在相对封闭的小型养殖池中，这种不平衡会长期持续，系统必然会趋向崩溃，这就需要人为地将系统中多余的物质和能量排出去，保持系统物质和能量输入和输出的平衡，使系统保持长期稳定，促使养殖水体生态环境因子相对稳定。生态环境因子的稳定是水产养殖过程中必须注意的重要问题之一，若水体中各类环境因子趋于稳定，水稻及鳖的病害也会趋于稳定和减少，所以在调控水质时，必须将生态环境因子的稳定作为首要考虑的因素。例如，在进行大剂量药物消毒后，养殖环境一般均会发生较大变化，对鳖的生长会造成一定的不利影响，所以水质改良要以一种渐进温和方式进行。中华鳖生态预防措施主要有以下几个方面。

（1）营造良好的生态养殖环境。养殖地点要求地势平缓，以黏性壤土质为佳，塘口坡比为 1 ∶ 1.5，水深 1.0 ~ 1.8 m。水源无污染，pH 值为 6.5 ~ 8.5，水体碱度不要低于 50 mg/L。面积比较大的水域可在池中间构筑多道池埂，以保证有足够的地方供鳖掘洞，所筑池间小埂，有一端不与主池埂连接，使小池埂之间相通，以方便进排水。这样，在养殖密度较大时，通过一个注水口即可使整个池水处于微循环状态，便于管理。

种植或移植水草。稻田种植水草的种类主要是轮叶黑藻、伊乐藻、苦草等水草，也可两种水草兼种，即伊乐藻和苦草或轮叶黑藻和苦草，水草种植面积为 50%。如果水草被养殖鱼类或其他原因破坏，应及时移植水花生、水葫芦等。

（2）水质调节。注意水体水质的变化，勿使水质过肥，经常加注新水，保持水质肥、活、嫩、爽。

（3）全程生物调节。主要采用引进先进 FAMS 循环水处理技术，定期使用 EM 菌微生态制剂，稻田中适量移植水草，投放螺类，结合生态装备进行生态环境维护，为中华鳖提供优良的生活和生长环境，以增强中华鳖的非特异性免疫能力，减少疾病发生。这种方法在示范推广区可使中华鳖疾病发生率降低 30%。通过对中华鳖血细胞的吞噬活性、血清凝集效价、血清溶菌酶活力、抗病力、体指等指标的检测，证实中华鳖的免疫力显著增强且鳖的正常生理机能没有影响。

中华鳖专用微生态制剂的研制及应用效果。养鳖专用微生态调水剂是从鳖池中分离、筛选出对 TOC 有明显降解作用的芽孢杆菌、沼泽紫色非硫杆菌、红假单胞菌、枯草杆菌、绿色非硫杆菌等菌株，进行培养并辅以多种活性酶而制成，生态调水效果显著。通过对试验水体的理化因子、浮游生物组成、菌群结构及试验鳖的摄食、生长指标的检测，养殖水体的三态氮、硫化氢、有机物耗氧量显著下降，溶氧明显提高，气单胞菌、弧菌等条件致病菌大幅度降低，芽孢杆菌等有益菌大幅上升。水体中生物量增大，生物循环旺盛。浮游植物中蓝藻比例降低，硅藻及隐藻等品种的比例增加，浮游动物中轮虫数量显著增加。经 t 检验，中华鳖平均体重与对照组差异极显著，与普通微生态制剂组差异显著。

2. 免疫预防

免疫预防即定期接种疫苗、投喂土疫苗或投喂适量含免疫增强剂的饲料，增强鳖的机体对相应疾病的抵抗力，预防病原体感染及疾病的传播。免疫预防需要对鳖个体注射疫苗，操作麻烦，且技术还需进一步完善，所以目前中华鳖免疫预防常用土法免疫方法。这种方法在养鳖生产中效果好、作用大，具体方法如下。

（1）制备土法疫苗。土法疫苗是用病鳖的多种内脏器官制备，它是一种混合类毒素，可以预防多种鳖病，若是某种疾病，也可取相应内脏制备该病的单一疫苗，但必须视发病情况而定。

①组织浆的制备。一般地，取病鳖的肝、脾、肾、腹水和肠系膜等内脏器官，称重、剪碎后放在研钵或匀浆器中，先按 1∶10（即 1 g 组织，加 10 mL 生理盐水）的比例加入 0.85% 的生理盐水，在研钵中研碎，再用双层纱布过滤成均匀的组织浆，或者将组织浆用离心机（4 000 转 /min）离心 40 min 后，取其上清液备用。

过滤离心过的组织浆上清液应无颗粒，以免使用时阻塞针孔。

②灭菌。将组织浆置入恒温水浴锅内，加温，将水浴锅内水体温度控制在60～65℃，同时要摇动组织浆数次，使其温度一致。加热2 h后，向组织浆内加入含40%甲醛的福尔马林溶液，配成1%的浓度备用，使用时组织浆需稀释一倍。

③保存。组织浆灭菌后需装入瓶中，用石蜡或不干胶封口放入冰箱内保存，通常可保存2～4个月。若是低温冰箱，可保存1年。若放阴凉处，仅能保存1个月左右。

（2）疫苗的运用。土法疫苗的注射剂量要根据鳖的体重而定，若体重500 g以上的鳖，注射剂量为0.5 mL；体重在200～400 g时，注射剂量为0.2 mL；200 g以下的鳖，注射剂量为0.1 mL。通常采用腹腔注射，注射部位为将鳖后腿拉出后的凹陷处、右下腹甲的稍后处。注射时，先用75%酒精棉球对注射部位进行消毒，再将鳖体稍歪斜，使右腿朝下，使鳖内脏偏向左下方后，针头与腹部呈10°～15°角进行注射。注射针头选用6～8号，注入深度0.5～1.0 cm，以不伤内脏为准。

3. 药物预防

除生态预防和免疫预防外，还有药物预防。药物只是应急性补充预防措施，原则上不能依赖药物对水产动物疾病进行预防。因为除了部分消毒剂外，任何药物都有可能污染养殖水体或者导致水产动物对病原体产生耐药性。因此，药物预防只是水产动物疾病预防的应急补救措施。

为避免病原体进入养殖水体，消灭各种有害微生物，养殖过程中一般会使用消毒剂对养殖水体、工具、水产苗种、饲料和食场等进行消毒处理，目的就在于为水产养殖动物营造安全的生活环境。消毒剂使用对养殖环境会带来一定影响，但使用的消毒剂经过一定时间分解或加注一定量新水稀释后，对养殖环境影响较小。

药物预防主要包括外用药预防、免疫促进剂预防和内服药预防等三种方式。

（1）外用药预防。主要是泼洒碘制剂如聚维酮碘、季氨盐络合碘或氯制剂如二氧化氯等消毒剂，对养殖环境中的病原微生物进行杀菌消毒。稻鳖共生时，每

10 d 向环沟中泼洒一次，也可交替使用。

（2）免疫促进剂预防。主要是提高鳖的抗病力和免疫力。一般地在饲料中添加 β-葡聚糖、多种维生素合剂或壳聚糖等免疫促进剂，可提高鳖对疾病的抵抗力，增强其免疫力。

（3）内服药物预防。主要使用中草药进行疾病预防。中草药不仅含有大量的生物碱、苷类、有机酸、挥发油、鞣质、多糖、多种免疫活性物质和一些促生长活性物质，而且还含有一定量的蛋白质、氨基酸、糖类、维生素、油脂、矿物质、植物色素等营养物质，可以促进鳖的新陈代谢和体内蛋白质、酶的合成，促进鳖的快速生长和发育，增强体质，提高免疫力，从而降低疾病发生率和死亡率。一般地，其预防方法为：每 15 d 用中药（如板蓝根、大黄、鱼腥草混合剂等比例分配药量）拌饵投喂进行预防。中药预防时，需要煮水拌饲料投喂，使用剂量为 0.6 ~ 0.8 g/kg 鳖体重，连续投喂 4 ~ 5 d。如果事先将中药粉碎混匀，在临用前用开水浸泡 20 ~ 30 min，然后连同药物粉末一起拌饲料投喂效果更佳。

中药种类繁多，结构复杂，成分多样。主要中草药种类及功效如表 3-3。

表 3-3　主要中草药种类及功效

种类	功效	防治疾病
大黄	抗菌谱广，作用强，具收敛增加血小板、促进血液凝固及抗肝瘤作用	主要用于防治草鱼出血病、细菌性烂鳃病、白头白嘴病及抗肝瘤病等
五倍子	具收敛作用，抗菌谱广。能促使皮肤黏膜、溃疡等局部的蛋白质凝固，加速血液凝固而达到止血作用。还能沉淀生物碱，对生物碱中毒有解毒作用	水产动物细菌性疾病的外用药
穿心莲	药用全草，具有解毒、抑菌止泻、消肿止痛和促进白细胞吞噬细菌功能	用于防治细菌性肠炎病和细菌性烂鳃病
大蒜	具有止痢、杀菌、驱虫作用	用于防治细菌性肠炎病
地锦草	药用全草，有很强的抑菌作用，抗菌谱广，并有止血和中和毒素的作用	用于防治细菌性肠炎病和细菌性烂鳃病
铁苋菜	药用全草，全草含有铁苋碱，有止血、抗菌、止痢、解毒等功能	用于防治细菌性肠炎病等
楝树	含川楝素，药用根、茎、叶，具有杀虫作用	主要用于防治车轮虫病、隐鞭虫病等寄生虫病
辣蓼	抗菌谱广	用于防治细菌性肠炎病

但药物预防时间一般是在鳖越冬之前的农历重阳节前后，需投喂蛋白质含量稍高的饲料并添加中药，以提高鳖的免疫力，减少翌年的发病率。

（七）鳖的常见疾病及防治

鳖在自然界是很少发病的，但在人工养殖情况下，鳖病却时有发生。有的养殖场甚至因鳖病而造成巨大的经济损失，鳖病的种类也逐年增加。鳖病的防治应该从根本上加以解决，以防为主。

根据目前已发现的鳖病病原体的不同，通常把鳖病划分成三大类：传染性鳖病、侵袭性鳖病和其他因素引起的鳖病。

1. 传染性鳖病

凡由细菌、霉菌或病毒等病原体引起的鳖病，通称传染性鳖病。

（1）红脖子病（又名俄托克病、阿多福病）。红脖子病又称大脖子病、肿颈病（见彩图39），是一种较常见的恶性传染病，我国养鳖地区多有此病发生。严重危害各种规格的鳖，尤其对成鳖危害最大。该病传染性极强，且流行季节较长，死亡率位居鳖病之首，严重时可成批死亡，甚至全池覆没。

① 症状。病鳖身体消瘦，食欲不振，运动迟缓，对外界反应不敏感。腹部呈现红色斑点，咽喉部和颈部肿胀，红肿的脖子伸长而不能缩回，厌食。肌肉水肿，继而整个裙边完全肿起，全身膨胀。病鳖无高度警惕性，当人走近时，也不逃避。病鳖在水中时而浮于水面，时而匍匐于沙地。病情严重时，全身红肿，口腔及鼻腔出血，眼睛混浊发白而失明，解剖后发现肠道发炎糜烂。大多数病鳖在上午上岸晒背后不久即死亡。

此病传染快，蔓延迅速，一旦发病，需及时采取措施。幼鳖、成鳖和亲鳖均可感染，危害性大，一年四季均可流行。

② 病原体。嗜水性产气单胞菌嗜水亚种。分布广，在自来水、江河、下水道及食品和饲料等中均有分布。由此病致死的鳖不得食用。

③ 预防方法。一是加强饲养管理，做好水质调控。幼鳖放养前要彻底清塘，养殖期间要及时清除残饵，经常换水，保持池水清洁，新爽，勿使病鳖混入池中，可减少此病流行。二是注重水体消毒。放养前用漂白粉 10 ~ 20 g/m³ 或生石灰 100 ~ 150 g/m³ 清塘消毒。三是药饵预防。可在饲料中添加土霉素或金霉素等

抗生素药物制成药饵进行投喂。投喂方法：每千克鳖体重，第一天用药0.2 g，做成药饵投喂；第二天至第六天用药减半，6 d为一疗程，持续2～3个疗程。或人工注射金霉素，每千克鳖体重用30万～45万国际单位，注射部位为后肢基部。针头朝向身体一侧并与背甲成15°左右的角进行注射。或每千克鳖体重添加15万～20万国际单位的抗生素，连续3～6 d投喂，预防效果较好。

④ 治疗方法。此病关键是预防，无特效药，重症者难以治愈。一般用下列方法治疗，轻者可治愈。一是给病鳖人工注射卡那霉素和庆大霉素。剂量为每千克体重配药15万～20万国际单位，腹腔注射。二是取病鳖的病变组织做成土法疫苗拌饵投喂或注射。

（2）鳃腺炎。

① 症状。病鳖先是颈部肿大，然后全身浮肿，口鼻出血，腹部两侧有红肿症状，眼呈浑浊而失明。鳃腺有纤毛状突起，严重时出血溃烂。解剖后可见内脏出血，体腔有腹水。此病在甲鱼病害中危害最大，传染最快，一旦发病，几乎所有甲鱼都会被感染，死亡率极高，从而造成毁灭性灾害，危害特别大。此病主要危害稚、幼鳖，每年的6—9月，水温25～30℃之间发病最为严重（见彩图40）。

② 病原体。目前尚未见正式报道。但从发病急和死亡率高的特点来看，极有可能是病毒引起的。

③ 防治方法。目前尚无有效治疗方法，预防措施主要是注重苗种质量，杜绝传染源；控制放养密度，提高放养规格；投喂新鲜饲料，加强饲养管理，平时注重水质调控。一旦发现病鳖，及时隔离，分池饲养，或将病鳖挑出后深埋或焚烧，然后对鳖池用200 mg/L漂白粉水溶液彻底消毒。对发病池中的其他未发病的鳖人工注射青霉素或链霉素等抗菌药物。

（3）出血性败血症。

① 症状。病鳖体表发黑，行动缓慢，反应迟钝，活力下降，浮于水面。开始表皮出现大小不等的出血斑，尤其是背壳和腹部底板部位最明显；随后表皮化脓或溃烂；颈部水肿，咽喉内壁严重出血；眼球发白失明，不吃食。病情严重时，病鳖的肾脏、肝脏及肠道也出现出血性病变，急性卡他性肠炎，心、肝、肾等脏器为变质性炎症，脾为败血脾，出血性气管炎及出血性浆液性肺炎（见彩图41）。发病快，病程3～7 d，若饲养密度大，鳖相互撕咬，则传染更快，如不及时治疗，

全池甲鱼均可感染，死亡率极高。流行季节为 6—9 月，适宜水温 25 ～ 32℃，主要危害稚、幼鳖。

② 病原体。由嗜水性单胞菌引起，在气温 25℃以上，嗜水气单胞菌的生长繁殖最快，流行迅速，潜伏期短，发病快。

③ 防治方法。一是对病鳖进行隔离，然后用 10 mg/L 的漂白粉水持续冲洗养殖池，对池塘进行彻底消毒。二是采用内用药与外用药结合方法进行防治。内用药主要是给发病池塘投喂加拌磺胺嘧啶饵料，以预防疾病的发生，或按每千克体重口服 0.5 g 鱼服康或注射 10 万 ～ 15 万国际单位的庆大霉素（用卡那霉素也很有效）。外用药主要是用 200 mg/L 浓度的福尔马林溶液对病鳖浸泡 10 min，并清除其化脓性痂皮及溃烂组织，涂上磺胺，或用 1.5 g/m³ 氟苯尼考全池泼洒，2 ～ 3 d 重复一次。三是加强饲养管理，改良水质，多投喂一些鲜活饲料，增加抗病力。四是用土法制备出血性败血症疫苗进行预防接种，效果最好。

（4）疖疮病。

① 症状。稚鳖症状：发病初期，病鳖的颈部，背腹裙边，背腹甲及四肢基部出现一个至数个黄豆大的小型白色疖疮，随后向外逐渐扩散凸出，有时周围有充血，最后像用针刺了一下破裂。用手可挤出一股腥恶臭味的浅黄色或浓汁状颗粒物，鳖体留下一个洞穴。随着病情发展，出现严重疮疤溃烂，呈腐皮状，部分病鳖露出颈部肌肉和四肢骨，背甲溃烂成数个洞穴，脚爪脱落，不久衰竭死亡。

幼鳖和成鳖症状：幼鳖和成鳖患疖疮病后的症状分为显性疖疮和隐性疖疮两种。

显性疖疮：病变发生在表皮柔嫩的颈部、裙边、四肢、背腹甲突出的部位。主要是因为捕捉、运输中操作不当或鳖相互撕咬受伤后细菌侵入感染造成的。开始出现数个病灶，逐渐扩大，形成白色脓疱，用手挤压患处或用器械可挖出像豆渣样易压碎并有腥臭味的浅黄粒状物，患处留下孔洞。病情严重时，疖疮向周围延伸并发生溃烂，骨骼外露，病鳖失去食欲，最后衰弱而死。

隐性疖疮：外表完好，无病灶。初期细菌侵入机体，在鳖的皮下或肌肉首先发病。如果生在机体深部，很难诊断。若病灶接近表皮，但只能在病灶长大后才能发现，此时病灶部皮肤鼓起，呈疱块状，虽然皮肤表面尚好，但手术切开可挖出和显性疖疮一样的内容物，浅白色，豆渣状，有恶臭味，颗粒直径从几毫米到几厘米。如病灶生在要害部位，鳖不久即死亡，轻者可通过手术治愈。

若病原菌入侵血液，则迅速扩散全身，可导致急性死亡。此病全国均有发现，危害各个年龄段的鳖，尤其在冬季加温池中和高密度集约化养殖池中极易发生，鳖体越小，后果越严重。一般地体重20g以下的稚鳖发病率可达50%，死亡率100%。此病传染性强，危害严重，如不及时治疗，病鳖两周左右就会死亡。室外池暴发期为5—7月，控温养殖以10—12月流行最为严重（见彩图42）。

② 病原体。点状产气单胞菌点状亚种，此菌名为1974年定名，现名为豚鼠气单胞菌（陆承平，1992）。

③ 防治方法。改善养殖环境条件，加强科学的饲养管理，合理安排放养密度，严格按照大小不同规格分池饲养，多投营养丰富的鲜活饲料，同时注意改良水质，可有效地预防此病。

外用药治疗：一是用浓度为50 g/m³盘尼西林溶液浸洗病鳖30 min，或将病鳖隔离，挤出病灶的内容物，放入0.1% ~ 0.2%利凡诺溶液中浸洗15 min，或用25 mg/mL的土霉素、四环素、链霉素等抗菌药物浸泡病鳖30 min，绝大部分可治愈。二是用2 ~ 3 mg/L漂白粉药浴，每隔5 ~ 6 d一次，反复3 ~ 4次，进行池水消毒，有一定预防效果。三是用杀毒先锋1 g/m³全池泼洒，隔一天后用聚维酮碘0.5 g/m³再泼洒一遍；四是用疖疮克星3 g/m³全池泼洒，隔一天后土霉素1 mg/L全池泼洒，24 h换水。

（5）穿孔病。

① 症状。发病初期，病鳖背腹甲、裙边和四肢基部均出现一些成片的白点或白斑，呈疮疤状，直径0.2 ~ 1.0 cm，周围出血。病情严重时，病鳖背腹甲穿孔，用针挑起疮疤，可见黄豆大小孔洞直通内脏。未挑的疮疤会自行脱落，在原疮疤处留下一个个小洞，洞口边缘发炎，轻压有血液流出，严重时可见内腔壁。病鳖行动迟缓，食欲减退，不及时治疗，此病可由急性转为慢性。除穿孔症状外，病鳖裙边、四肢、颈部还出现溃烂，形成穿孔与腐皮病并发。对病鳖解剖发现肠内充血，接近孔洞的内脏红肿，肺褐色，肝灰褐色，胆汁墨绿，脾肿大变紫。

此病多发生于无晒背台或晒背条件比较差的养殖池中。如鳖的背、腹甲有疮疤并见洞穴者可诊断为此病。该病对各年龄段的鳖均有危害，尤其是对温室养殖的幼鳖危害最大，发病率可达50%左右。室外养殖流行季节是4—10月，

5—7月是发病高峰季节，温室中主要发生于10—12月，发病温度为25～30℃（见彩图43）。

②病原体。嗜水气单胞菌、肺炎可雷伯氏病、普通变形杆菌及产碱菌等多种细菌。养殖环境恶劣、饲养管理不善而导致细菌感染是诱发此病的主要原因。

③防治方法。改善养殖环境条件，加强饲养管理和水质调控，人工配合饵料要添加复合维生素C、维生素E等，增强抗病力。

一是在养殖池中搭建足够面积的晒背台，清除周围的高秆作物。对养殖池水要勤换，定期向池中泼洒石灰水或漂白粉等抗菌药物。

二是用20 mg/L的高锰酸钾水溶液浸泡病鳖20～30 min，再用10%的磺胺嘧啶钠注射液每500 g病鳖注射0.5 mL，放入隔离池中暂养。或鳖体用1mg/L的灭菌净水液或菌必清药浴15～30 min。

三是饲养阶段按每100 kg饲料中拌鳖虾平500 g+三黄25 g+芳草多维100 g或芳草VC 100 g内服。或200 kg饲料中拌喂鱼病康套餐一个+三黄粉25 g+芳草多维50 g或芳草VC 50 g内服，连用3 d左右。

（6）白斑病。白斑病又称豆霉病、毛霉病。其病原体为毛霉菌，这与水霉病有明显的不同。捕捉、运输致使皮肤受伤后易感染此病。在流水池和循环槽中养殖的鳖易感染白斑病。

①症状。发病初期，病鳖的四肢、裙边、颈部及腹部等处出现白斑，但仅表现在边缘部分。随着病情发展，逐渐扩大而形成一块一块的白斑，白斑处表皮坏死，产生部分溃疡。当霉菌寄生到咽喉部时，鳖呼吸困难而逐渐致死。

此病常年均可发生，是稚、幼鳖常见的病害之一。特别是在水质清瘦的养殖池中，或在捕捉搬运过程中受伤后的鳖，最易感染。一般情况下，死亡较少。水温20～26℃时，体长10 cm以下的稚、幼鳖易发此病，死亡率高；成鳖患病，由于表皮出血，外观难看而影响商品价值，但死亡率不高（见彩图44）。

②病原体。一种毛霉菌，属真菌类毛霉菌科，故又称为毛霉病。

③防治方法。一是做好消毒工作，用生石灰或消毒剂彻底清塘消毒，如使用生石灰全池泼洒使池水pH值保持在7.5～8.5。

二是操作应仔细，防止鳖受伤，放苗前做好苗种消毒工作。做好水质调节工作，保持水质肥而嫩爽，以抑制霉菌的生长。

三是用适量的磺胺类软膏涂擦患处，直到毛霉菌被杀死脱落为止。或用10 g/m³ 漂白粉溶液浸泡病鳖 3 ～ 5 h，或万分之四的食盐加万分之四的小苏打合剂全池泼洒防治，或用浓度 50 g/m³ 亚甲基蓝溶液浸浴 15 min，或用 3% ～ 5% 食盐水浸洗 5 min。或用杀毒先锋 1 g/m³ 全池泼洒，隔一天后用聚维酮碘 0.5 ～ 1 g/m³ 再泼洒一遍。

四是每天按 20 ～ 40 mg/kg 体重添加克霉唑，分 2 次投喂，连续 3 ～ 6 d，严重的也可放入克霉唑与 1% 食盐和小苏打合剂（1：1）配成的 8 mg/L 溶液浸泡病鳖 10 min 左右。注意：由于这种霉菌在新池新水中繁殖迅速，而在污水中，生长受到其他细菌的抑制。故抗菌素之类药物，能促进霉菌蔓延，切忌使用。

（7）腐皮病。腐皮病是由于鳖放养密度大，相互咬伤后或机械损伤鳖的皮肤后，感染细菌而引起（见彩图 45）。

① 症状。肉眼可见病鳖颈部、四肢、尾部及裙边等处的皮肤糜烂坏死，形成溃疡，皮肤组织变白或变黄，患部周围肿胀，后逐渐扩大，不久坏死。严重时，背甲、腹甲溃烂，颈部肌肉和四肢骨骼外露，脚爪脱落，裙边溃烂。当病变发展到颈部骨骼露出时，多半会引起死亡。

此病在鳖的生长季节均可发生，自然养殖时的发病季节多在 4—10 月，5—9 月为发病高峰期，控温养殖时全年任何时段都会发生，各地都有发现。

② 病原体。由嗜水气单孢菌、假单孢菌及无色杆菌等数种细菌感染所致，其中以嗜水气单孢菌为主。

③ 防治方法。腐皮病的发生是由于水体污染严重，存在病原菌快速生长与大量繁殖所需的营养元素。当鳖皮肤受伤，免疫力下降时，很容易感染水体中的病原菌而引发腐皮病。因此在养殖生产中，必须保持良好的水质，提高鳖的免疫力。

一是保持池水清洁，控制适宜的放养密度，按规格大小分级饲养，以防止鳖相互撕咬。加强投饵管理，要投喂新鲜优质量足的饵料，以提高鳖的体质和免疫力。

二是放养前用 30 g/m³ 庆大霉素对鳖体进行浸洗（水温 20℃ 以下，浸洗 40 ～ 50 min；20℃ 以上，浸洗 30 ～ 40 min），用于预防和早期治疗。或用浓度 10 g/m³ 的链霉素浸洗病鳖 48 h，反复多次，可治愈此病。

三是当发现病鳖时，及时隔离治疗，用 1 g/m³ 磺胺类药物或抗生素浸洗病鳖 48 h，然后，每两周用 2 ～ 3 mg/L 漂白粉药浴一次。

（8）水霉病。水霉病又称白毛病。由水霉菌等多种真菌大量繁殖时引起此病，与毛霉病有显著差别。

① 症状。此病主要是由于捕捞运输过程中损伤鳖体，以致水霉菌入侵伤口而引起。发病初期，无明显症状，当肉眼能看到时，菌丝已侵入肌肉，蔓延扩展，向外生长成棉毛状菌丝，手摸有滑腻感，故称为"生毛"。病菌在鳖体表、四肢、颈部及裙边等处大量繁殖，严重时布满鳖体全身，使鳖体犹如披上一层棉絮，当絮状水霉菌上粘有泥污时，则呈灰褐色。病鳖食欲减退，行动迟缓，最后停食消瘦而死。此病主要危害稚、幼鳖，有时甚至成批感染，不过 10 cm 以上的鳖极少死亡，全国各地均有发生（见彩图 46）。

② 病原体。水霉科中的水霉。

③ 防治方法。一是清除池底过多淤泥，用生石灰彻底消毒，定期泼洒复合光合细菌等微生物制剂，保持水质清洁稳定。二是加强饲养管理，投喂新鲜营养全面的优质饲料，尽量避免鳖体受伤。三是用 3% 食盐水浸泡 10 ~ 15 min，去除毛状物，再在患处涂上 2% 红药水，每天一次，三次为一个疗程。或用 20 g/L 高锰酸钾药浴 30 min，每天一次，连用 5 d，效果明显。或将病鳖放入 1 mg/L 亚甲基蓝溶液中浸泡 10 min，隔日 1 次，连续 3 次。或用 0.3 mg/mL 浓戊二醛全池泼洒，隔一天后用 0.6 ~ 1 mg/L 聚维酮碘再泼洒一遍。四是每千克饲料拌 5 g 三黄散投喂三周。或每天按 25 ~ 45 mg/kg 体重添加灰黄霉素，分 2 次投喂，连续 3 ~ 6 d 为一疗程。严重的也可放入灰黄霉素与 1% 食盐和小苏打合剂（1∶1）配成的 8 mg/L 溶液内浸泡 10 min 左右。或投喂配合饲料时，添加 0.03% 的维生素 E，有一定的预防作用。

（9）红底板病与白底板病。又称红斑病、赤斑病、腹甲红肿病、白板病。水质恶化，饲养条件恶劣时，易发生此病。

① 红底板病症状。最显著的外表病症是腹部有红色斑块（红底板），背部中央可见圆形黑色影块，欲称"黑盖"，更严重的会发生腐烂露出腹甲骨板。病鳖颈粗大呈强直状伸出体外。全身肿胀，停食，反应迟钝，极易捕捉。一般 2 ~ 3 d 后死亡。4—5 月中旬为发病季节，主要危害成鳖、亲鳖（见彩图 47）。

白底板病症状。鳖底板大部分呈乳白色，偶见血丝，血色素极低，大部分内脏器官均失血、发白。部分鳖体在病程快速发展时，其肠道或心、肝、肺有血凝块、有的可见胃、肠溃疡、穿孔。肝灰黑色或青灰色。脾部分或全部变黑、肿大。病程发展较慢的病鳖，其体腔、肢体腹水。当倒提病鳖时，其头颈、前肢均自然下垂而无力缩回，在分池、出售等受到强烈惊吓后的数小时即死亡（见彩图48）。

流行及危害。该病多流行于夏季，水温在30℃以上时易爆发，主要危害于规格在200g以上的成鳖、亲鳖。

②病原体：红底板病原体为点状产气单胞菌点状亚种（Aeromonas punctata sub.），白底板病病因较为复杂，据相关研究报道，有人认为是细菌性感染，也有人认为病毒为原发感染，细菌为继发性感染。还有可能因饲料中含变质成分或者营养不平衡、滥用药物和添加剂而导致本病发生。

③防治方法。红底板病的防治方法：

预防：一是在鳖进入越冬期前，要在饲料中拌诺氟沙星或中药五黄散进行预防性治疗，以增强其越冬抗病能力。二是肌肉注射阿莫西林，每千克体重20万国际单位。三是在饵料中加入恩诺沙星药物可治愈早期赤斑病。四是防止高密度的暂养和成堆挤压装运。

治疗：

外用：使用聚维酮碘 0.5 g/m^3 浓度全池泼洒，隔一天一次，连用 2 ~ 3 次；或使用苯扎溴胺 $0.3 ~ 0.5 \text{ g/m}^3$ 浓度全池泼洒，隔一天一次，连用 2 次；或使用季胺盐碘制剂 0.5 g/m^3 浓度全池泼洒消毒，隔一天一次，连用 2 次。

内服：添加硫酸庆大霉素 2 g/kg 饲料，连用 3d；再用黄连解毒散 5 g/kg 饲料 +VC 2 g/kg 饲料，连续 7 ~ 10d 为一疗程。

白底板病防治方法：

预防：此病因复杂，一旦染病，较难以迅速控制，增加了治疗难度，病鳖能痊愈的，其所需周期也较长。因此，积极做好平时疾病预防显得尤为重要。通常，水体用 ClO_2 水剂 0.2 g/m^3 全池泼洒消毒，或使用苯扎溴胺 $0.3 ~ 0.5 \text{ g/m}^3$ 浓度全池泼洒。内服菌毒散 2g/kg 饲料 + 保肝宁 2 g/kg 饲料 +VC 2 g/kg 饲料，连续使用 5 d 为一疗程。

治疗：

外用：使用聚维酮碘 0.5 g/m^3 浓度全池泼洒，隔一天一次，连用 2 ~ 3 次；或使用浓戊二醛溶液 0.25 g/m^3 浓度全池泼洒消毒，隔一天一次，连用 2 次。

内服：添加氟苯尼考 1 g/kg 饲料，连用 3 d；再用菌毒散 5 g/kg 饲料 + VC 2 g/kg 饲料，连续 7 ~ 10 d 为一疗程。

（10）白点病。

① 症状：鳖背腹甲、四肢等有白色点状类似于小疖疮。严重时可引起皮肤溃烂，呈灰白色，并蔓延至头部、颈部、四肢（见彩图 49）。

通常水质偏酸，溶氧偏低，放养密度每平方米大于 50 只较易患白点病。每年的 8—11 月、水温 25 ~ 30℃时，为暴发流行高峰期，控温养殖全年均可患病，全国各地均有发生。主要危害幼、稚鳖，严重时死亡率高达 100%。

② 病原体。温和气单胞菌、嗜水气单胞菌感染。

③ 防治方法。一是改良水质，使水体 pH 值保持在 7.2、溶解氧在 4 mg/L 以上，控制适宜放养密度。二是使用外用药。用聚维酮碘 0.5 g/m³ 浓度全池泼洒，隔一天一次，连用 2 ~ 3 次；或使用苯扎溴胺 0.3 ~ 0.5 g/m³ 浓度全池泼洒，隔一天一次，连用 2 次；或使用浓戊二醛溶液 0.25 g/m³ 浓度全池泼洒消毒。三是使用内服药。添加吗啉呱 2 g/kg 饲料 + 甲鱼多维 5 g/kg 饲料，连用 5 d；再用中药黄连解毒散 5 g/kg 饲料，连续 5 d 为一疗程。

2. 侵袭性鳖病

由动物性寄生虫引起的各种鳖病，称为侵袭性鳖病。现已发现鳖的寄生虫包括蛭类、螨类、原生动物和吸虫、棘头虫等共 15 种。这些寄生虫可寄生于体表、血液及内脏，吸取鳖的营养、破坏鳖的组织、器官，从而影响鳖的生长发育及生存。常见侵袭性鳖病如下。

（1）累枝虫病。累枝虫病又称钟形虫病，是由原生动物累枝虫、聚缩虫、独缩虫附生而引起的。

① 症状。目测可见病鳖四肢、背腹甲、颈部及裙边等处呈现一簇簇的绒毛状白毛，严重时全身呈白色。镜检可见大量累枝虫有节奏地伸缩。病鳖体色随水体颜色改变而变化，当池水呈绿色时，病鳖身体也呈绿色，当水质混浊、过肥时，则呈棕黄色或褐色、黑色。

此病主要危害稚鳖。病鳖食欲下降，身体消瘦，严重时引起溃烂，甚至导致死亡。全国各地均有发生，发病时没有季节性（见彩图 50）。

② 病原体。累枝虫。

③ 防治方法。累枝虫的生命力很强，不易杀死，一般以预防为主，保持良好的水质条件。

每立方米泼洒 8 g 硫酸铜，接着每立方米用 10 g 高锰酸钾全地泼洒，视病情可再重复一次；每立方米用 10 g 漂白粉浸洗 24 h，在 4 ~ 5 天中重复 2 ~ 3 次。

一是用 10 g/m³ 漂白粉溶液浸洗 24 h，或者用 2.5% 的食盐水浸洗 10 ~ 20 min，每天一次，连续 2 d。

二是用 8 g/m³ 硫酸铜泼洒，24 h 后彻底换水，再用 10 g/m³ 高锰酸钾溶液泼洒，一天一次，连用 7 d。

三是用 1% 的高锰酸钾溶液涂抹病灶，每天一次，连续 2 d。或用 2% ~ 3% 的食盐水浸洗 3 ~ 5 min。

（2）鳖水蛭病。水蛭病又称蚂蟥病，由水蛭寄生引起。

① 症状。水蛭通常寄生于鳖的裙边、四肢腋下、体后部等处，以吸取鳖的血液为营养，少则几条，多则呈群体丛状分布，达数十条之多。大量寄生后，鳖食欲减退，身体消瘦，反应迟钝，喜上岸而不愿下水。轻者影响生长，重者造成死亡。此病流行广泛，且易引起其他继发性疾病。

② 病原体。水蛭。

③ 防治方法。 一是经常泼洒生石灰消毒水体，用量为 25 g/m³，使水蛭在碱性环境中不易生存而死亡。然后用 1.5 g/m³ 漂白粉泼洒 1 次，一周后再用 10 g/m³ 的高锰酸钾溶液浸洗或全池泼洒。二是用 0.7 g/m³ 的硫酸铜溶液浸洗或全池泼洒。或用 10% 的氨水浸泡病鳖体 20 min 或 2.5% 食盐水浸洗 20 ~ 30 min，蛭类会自然脱落死亡。三是在养鳖池中设置安静向阳的"晒背"场，鳖经常日光浴可以防止蛭病发生，提高鳖的自身免疫能力。也可用鲜猪血浸湿的毛巾放在进水口处的水面上诱捕水蛭。

3. 敌害预防

鳖的敌害主要有蛙类、蛇类、蚂蚁、鸟类及兽类等。

（1）蛙类和蛇类。这些敌害喜食稚、幼鳖的软甲壳，因此，孵化室和稚鳖池围墙必须严密，加固堤埂，堵塞漏洞，严防敌害入侵。

（2）蚂蚁。蚂蚁嗅觉灵敏，在鳖卵将要孵化之时，已在附近筑巢居住了，当稚鳖破壳之时，最易受到群蚁的袭击以至于被咬死。因此，在发现产卵场或孵化场附近有蚂蚁或蚁巢时，要立即喷药毒杀并清除蚁巢。

（3）鸟类。主要危害幼鳖。成鳖虽甲壳坚硬，性凶猛，但仍会遭到一些鸟类的袭击。袭击鳖的鸟类有乌鸦、鸢、鹰、鹭鸟等。通常是夜袭，所以在这些鸟类较多时，应在鳖池上方高出水面2 m处设置防护天网全覆盖，材料用网目3 cm大的聚乙烯网片（图3-23）。

（4）兽类。袭击鳖的兽类有老鼠、狗、黄鼠狼、猫、獭等，其中尤以黄鼠狼最普遍。它晚上出来活动，同鳖的活动时间相同，故常能猎捕到鳖。防止方法是设钩、卡、笼捕杀黄鼠狼，或在池上面加盖天网阻止其进入。老鼠喜欢在鳖的产卵场挖穴，造成鳖卵死亡，并常成群结队窜入池中袭击稚、幼鳖，对鳖危害很大。因此，必须用砖、石、水泥筑好堤，防止老鼠窜入池内。并在稚、幼鳖饲养池周围撒放鼠药和安装捕鼠器。

图3-23　鳖的防鸟网

4. 其他因素引起的鳖病

除上述三类疾病之外，还有许多物理、化学和营养等因素引起的鳖病。在一定情况下，也会对鳖产生影响，引起鳖体生理机能失调，甚至导致死亡。

（1）脂肪代谢不良症（非寄生性肝病）。

①症状。病鳖营养失调，手拿有厚重感。病情严重时，全身浮肿或极度消瘦，

身体隆起较高，体高与体长之比在 0.31 以上。腹甲暗褐色，有浓厚的灰绿色斑纹，四肢、颈部肿胀，表皮下出现水肿，整体外观异样。剖开病鳖腹腔，能嗅到恶臭味，脂肪组织呈黄土色或黄褐色，硬化，被结缔组织包裹。肝脏发黑，骨体软化。生此病的鳖，体质不易恢复，逐渐成为慢性病，最后停止摄食而死亡。急性发病者，如果未死，则能同正常鳖一样，有忍耐越冬的能力，但发病后其肉质则失去原有风味（见彩图 51）。

② 病因。人工饲养的鳖，由于投喂了鲜度差的霉烂变质饲料或过度腐烂变质的鱼、虾、螺蚌肉，或长期内服高毒性药物，使变性的脂肪酸在鳖体内大量积累，造成鳖的肝、肾机能障碍，代谢机能失调，逐渐出现病变。

③ 防治方法。一是保持饵料新鲜，不喂腐败变质和霉变饲料，尤其不能投喂变质的干蚕蛹。同时保持池内清洁卫生，及时清除残饵，保持水质清新。

二是投喂的饲料中适当添加维生素 E，有显著的预防作用和一定的治疗作用，投喂量为每 100 g 饲料中加 30 mg 左右的维生素 E。或投喂配合料时，添加 5% 的植物油。植物油中含有大量的维生素 E，但不可用动物油代替。

（2）水质不良引起的疾病（氨中毒症）。

① 症状。病鳖的四肢、腹部明显充血、红肿、溃烂以致形成溃疡、裙边溃烂成锯齿状。有的病鳖虽然没有明显的外部症状，但食欲下降，反应迟钝，不愿下水等。

② 病因。在静水或越冬池中，由于水不流通，长期处于缺氧状态，水中含有的大量有机物进行无氧分解，不断产生如 H_2S、NH_3 等有害气体，引起水质恶化，从而引发疾病。

③ 防治方法。一是经常换水，始终保持池水清洁、爽嫩。二是发现此病时，及时更换全部池水，并且每隔 3～7 d 更换部分池水，保持池水的清新，一段时间后，病鳖会自然痊愈。

（3）冬眠期死亡。

①症状与病因。冬眠期或冬眠后造成鳖的死亡原因，现在还不太清楚，而死的大部分为雌鳖，这可能与雌鳖产卵后营养不良、体质差，经不起冬天的低温有关，以及冬眠池里的底泥中残存的一些有害物质所致，也有可能是冬眠期转移受冻所致，或者是在外界收集亲鳖时，未仔细挑选，误将伤残鳖入池饲养。这种伤

残鳖体质差，抗逆能力弱，到了冬季因温度较低，从而导致死亡。

②防治方法。冬眠前一、二个月给鳖投喂优质新鲜饵料，特别是要投喂脂肪含量高的食物，如动物内脏、大豆等，以满足鳖在冬眠期间的能量消耗。进入冬眠之前，亲鳖池彻底清整一次，为亲鳖冬眠创造一个优越的冬眠环境。进入冬眠后，鳖不要随意转移，亦不要在冬眠池中进行拉网等活动，以免惊动正在冬眠的鳖。保持水深 1.5 m 以上，给越冬鳖创造一个适宜的环境。从外界收集亲鳖时，要注意检查，体质健壮的鳖，才能入选。

（4）营养不良症。

使用人工配合饲料饲养鳖，必须满足于鳖各个生长阶段的营养需求，否则，因饲料的某种营养成分的缺乏或过剩都会导致鳖生长发育受限或生病，严重的可引起死亡。主要的营养元素包括蛋白质、糖类、脂肪、维生素、无机盐及微量元素。生产实际中，要切实按鳖各个生长阶段精选好配合饲料，或适当增加一些辅助添加剂，以满足鳖营养需求。

蛋白质。幼、稚鳖饲料中粗蛋白质含量必须达到 45% 以上，成鳖饲料中粗蛋白质含量需达 43% 左右。饲料蛋白质含量过低，鳖生长缓慢，体质下降，抗病力降低。饲料中氨基酸的含量和比率是决定蛋白质营养价值的重要因素。

脂肪。鳖饲料中脂肪最佳含量为 6% ~ 8%。饲料中缺乏必需脂肪酸，则可导致鳖生长速度减慢，成活率降低，饲料效率下降。脂肪酸易发生氧化变质，产生醛、酮、酸。这些物质与饲料中的其他营养物质如维生素、蛋白质等发生作用，降低营养元素的作用，并引起鳖发生疾病。

糖类。鳖饲料中对糖类的最佳需求量为 25% ~ 28%，饲料中碳水化合物含量过高，会引起甲鱼体内糖代谢紊乱，内脏脂肪积累，严重时引起脂肪肝。一般情况下，可以在饲料中添加胆碱、肌醇和维生素 C 可防止脂肪肝的发生。

维生素。如缺维生素 A，则皮肤色浅，眼球突出，皮肤出血，背、腹甲变形，饲料添加量 500 ~ 2 500 mg 国际单位 / kg。缺维生素 B_6、B_{12} 则引起甲鱼食欲不振、生长缓慢、身体消瘦、发育不良、繁殖力下降、易患炎症。缺维生素 E，则眼球突出，肌肉营养不良，脊柱前凸，肾脏及胰脏退化，饲料添加量 100 ~ 500 mg 国际单位 / kg。维生素 C，即抗坏血酸，若缺少，则引起生长不良，饲料添加量 60 ~ 300 mg/kg。

鳖的正常生长对无机盐和微量元素也有一定的需求。

（5）雄性鳖性早熟症。

①症状。泄殖腔红肿发炎，生殖器外露 2 ~ 4 mm。鳖在池中频繁交配，3 ~ 5 只相互追逐，多数雄鳖脖子被咬伤，解剖 100 g 左右的雄性鳖可发现精巢显著增大（见彩图 52）。

流行及危害。规格为 100g 以上雄性鳖，保温棚内常年可见，池塘内以 5—8 月较严重。患病鳖摄食下降，生长速度减慢，严重的因头、颈部位咬伤、溃烂，生殖器外露感染而导致死亡。

②病因。由于稚、幼鳖饲料中含有某些化学促生长剂或激素类物质而引发此类疾病，也有可能高温季节，营养水平较高，快速生长下内分泌系统失调、种质退化而导致雄性性早熟。

③防治方法。预防：一是选择品质好正常孵化的鳖苗。二是选择优质品牌厂家饲料，若自配料，尽可能减少随意添加促生长剂类物质。三是鳖达 100 g 以上规格时，每月添加内服鳖性迟熟素，约 7 d 为一疗程，用量为 5 g/kg 饲料。四是使用 ClO_2 进行水体消毒，0.25 g/m^3 浓度全池泼洒，每周一次。

治疗：一是外用。使用聚维酮碘 0.5 g/m^3 浓度全池泼洒，隔一天一次，连用 2 ~ 3 次；或使用苯扎溴胺 0.3 ~ 0.5 g/m^3 浓度全池泼洒，隔一天一次，连用 2 次；或使用浓戊二醛溶液 0.25 g/m^3 浓度全池泼洒消毒。二是内服。添加鳖性迟熟素，10 g/kg 饲料，连用 3 d；再用黄连解毒散 5 g/kg 饲料，连续 7 ~ 10 d 为一疗程。

（八）常用鳖病防治药物

1. 水质环境改良类

生物制剂类包括光合细菌、枯草芽孢杆菌、硝化与反硝化细菌、复合 EM 菌等，用于降低水体中的氨氮、亚硝酸盐含量，提高溶解氧；无机盐类有生石灰、碳酸氢钠、硫代硫酸钠亦用于调节水体酸碱度，改良水质环境；另外，用于杀灭水体中"水华"，净化水质的有络合铜、氯化铝、硫酸钾铝等。

2. 水体消毒剂

按化学成分划分主要有：

①卤素类。常用有漂白粉、二氯异氰尿酸钠、三氯异氰尿酸、氯胺-T、二氯海因；二溴海因、溴氯海因、碘溴海因等。

②强氧化剂类。高锰酸钾、过氧化氢、过氧化钙、二氧化氯等。

③醛类。甲醛（福尔马林）、戊二醛等。

④季胺盐类。常用的有新洁尔灭、洗必泰、度米芬、消毒净等，在治疗鳖传染性疾病时，选择含溴、碘元素的季胺盐制剂效果较好。

⑤碘和含碘消毒剂。常用有粉剂、水剂两类。聚维酮碘在治疗鳖爆发性传染疾病（如鳃腺炎、白底板、白点病等症）时，市场产品中粉剂药效更佳。

⑥其他水体消毒剂。如料类：甲紫、吖啶黄、亚甲基兰，现不为常用药品。酸类药：檬酸、冰醋酸等。碱类药：氧化钙、生石灰、氢氧化氨等。盐类：氯化钠、小苏打、硼砂、硫酸亚铁等。

3. 内服或外用的抗菌素类药

（1）抗菌素类药。本类药品种类繁多，包括磺胺类、喹诺酮类、抗真菌药、抗生素、抗菌增效剂、抗病毒药。但有某部分品种因毒性大、残留周期长，已被列为水产用药之危禁品，如呋喃西林、呋喃唑酮、氯霉素、红霉素、环丙沙星等。鱼用抗菌素的使用必须严格遵守药品的休药期，以防过剩残留。有些药品因使用成本较高不被常用，同时，水产药品安全和管理条例明文规定，严禁直接使用原料药品或人用、畜用药于水生动物。

（2）中草药。作为绿色药品，它具有天然性、多功效性、毒副作用小、残留小、不易产生耐药性的特质，在鳖病防治方面被广泛应用。

常用的中草药按照使用功效划分有：

抗细菌类：大蒜、大黄、黄连、黄芩、黄柏、穿心莲、大青叶、半边莲、白头翁、板蓝根、鱼腥草、蒲公英、龙胆草、地锦草、五倍子、马齿苋、金银花、小檗、连翘、水辣蓼等。

抗真菌类：马兜铃、百部、白鲜皮、地肤子、苦参、茵陈蒿、蛇床子等。

抗病毒类：白头翁、鱼腥草、金银花、板蓝根、苦地丁、虎杖、柴胡、佩兰、野菊、菊花等。

驱（杀）虫：仙鹤草、青蒿、苦楝皮、使君子、贯众、雷丸、槟榔、生姜、

辣椒等。

中草药以及复方制剂基本涵盖清热、解毒、收敛、止血、保肝、利胆、健胃、补血、凉血止痢及驱虫等功效，相对于其他药物，中药更安全、更环保。

常用于驱杀鳖体表钟形虫、聚缩虫的药品有硫酸铜（$CuSO_4.5H_2O$）、硫酸锌（$ZnSO_4.7H_2O$）、高锰酸钾、亚甲基蓝等。

（3）营养保健药品。本大类药品包括起保肝、利胃、诱食、促生长作用的各种氨基酸及其衍生物、多用维生素、电解多维、甜菜碱类；以及控制雄性甲鱼性成熟的性迟熟素（促多巴胺释放素等）药品。

第四章　模式分析与典型案例

第一节　沿淮稻鳖综合种养技术

一、模式特点

此地区降水量充沛，灌溉面积大，建立环形沟和防逃设施，对稻田工程进行改造。选择适养的水稻和水产品种、确立合理的放养密度以及种养茬口安排，实现稻鳖的互利共生。

二、典型案例

某科技开发有限公司稻鳖鱼共生典型案例。

（一）基本情况

2016年，安徽省农业科学院水产研究所、安徽省农业科学院水稻研究所及某科技开发有限公司承担了安徽省科技攻关项目"稻鳖鱼生态系统的构建与种养结合关键技术研究"（1604a0702022），针对稻鳖鱼生态系统展开系列试验研究。项目在安徽省某科技开发有限公司实施（图4-1），通过试验分析，稻鳖鱼综合种养效益明显，不仅能够提高水稻的产量，还提高了土地和水资源的利用率，稳定了农民种粮的积极性，具有明显的生态效益、社会效益和经济效益。

图4-1　稻鳖鱼生态高效种养基地

（二）技术要点

1. 试验地点和条件

试验点选择在安徽省某科技开发有限公司稻田种植基地的北区和南区（图4-2）。稻田位于紧靠水源、水质良好、地势相对低洼、保水稳水，背离交通道路的偏僻安静处，设置的进、排水管道方便稻田进排水。按照项目要求，选择4块稻田放养中华鳖和鲫鱼，分别为南区 1 # 田块 1 667.5 m^2、北区 2 # 田块 1 334 m^2、3 # 田块 1 867.6 m^2 和 4 # 田块 1 867.6 m^2，共计 6 736.7 m^2。

图4-2　稻鳖鱼生态高效种养稻田选择

2. 试验材料和方法

（1）鳖沟开挖与围栏设施。在稻田长边开挖一条横沟作为鳖沟，梯形形状，上宽 2.5 m，底宽 1.5 m，深 0.8 m，四周田埂做好做实。稻田养鳖的围栏设施材料选择彩钢板，用镀锌管间隔 2 m 为桩，彩钢板用铁线固定在镀锌管上，田埂内向下开挖 0.3 m 深的沟，将铺设彩钢瓦的镀锌管埋入沟内，用生石灰撒入泥浆土，夯实底部固定围栏（向内微倾斜）（图4-3）。

图4-3　鳖沟与围栏设施

（2）水稻品种的选择与栽培。选择种植抗病害强、优质高产的绿稻 24 水稻品种，分别于 2016 年 6 月 12 日在南区 1 # 试验田和 2016 年 6 月 6 日在北区 2 #、3 #、4 # 试验田种植，株距 20 ~ 30 cm，行距 30 ~ 40 cm（图 4-4）。

图4-4 水稻种植

（3）稻田施肥与育、插秧。育秧场所选择在非稻鳖共作区进行，4 月 5 日—15 日开始育秧，操作流程为优良育秧地－制作育秧床－配置育秧土／晒种－脱芒－筛选－选种－浸种消毒－催芽－播种－覆土－苗床追肥－起秧。施肥前，先排干田间水分并晒田，再机械进入稻田先将稻田翻耕一次，每 1 hm² 施放发酵有机肥基肥 4 500 ~ 7 500 kg，随后立即进水、旋田、平田，稻田平整后立即插秧，之后不再施追肥（图 4-5）。

图4-5 施肥、平田与插秧

（4）拦鳖栅、食台的设置。拦鳖栅设计成"<"形或">"形。进水口凸面朝外，出水口凸面朝内，既增加了过水面，又使之坚固，不易被冲垮。沿着沟边每隔 3 m 设置 1 个食台，用长 1.8 m、宽 0.75 m 石棉瓦斜置池边水（图 4-6）。

图4-6　食台设置

（5）鳖苗、鱼苗放养。所放养的幼鳖购自某省级良种场。放养时间为 2016 年 7 月 13 日，鳖苗无病无伤、体制健壮、大小基本一致。投放密度为 1 500 只 / hm²。具体为南区 1 # 田块共投放雄性鳖苗 250 只，总重 164.45 kg，北区 2 # 田块共投放雌性鳖苗 200 只，总重 139.4 kg，北区 3 # 田块共投放雌性鳖苗 280 只，总重 187.65 kg，北区 4 # 田块共投放雌性鳖苗 280 只，总重 193.2 kg。投放前用 5% 食盐水浸泡 10 min。所放养的鱼苗为优质鲫鱼苗，投放数量为 1 260 尾 / hm²，均重 29.4 g。选用电子天平（精度 0.001 g）测量体重，测量方法参考国家标准（GB 21044-2007），收获测定采用同一电子天平测定体重（图 4-7）。

图4-7　鳖苗、鱼苗放养

（6）管理。保持水位：水稻活棵后，稻田中水位正常保持在 3～5 cm 左右，高温季节加至 12 cm。饲料投喂：鳖苗放养 2d 后开始投喂饲料，饲料以水生昆虫、蝌蚪、小鱼、小虾等制成的新鲜配合饲料为主，人工配合饲料为辅。投喂量为总体重的 3%左右，每天 3 次，早中晚各一次，投放比例为 35%∶30%∶35%。阴雨天不投喂。巡查：坚持每天巡田，仔细检查田埂是否有漏洞，拦鳖栅是否堵塞、松动，发现问题及时处理。每月养鳖水体消毒 1 次，均匀泼洒 375 kg/hm² 的生石灰（图 4-8）。

图4-8 生石灰消毒

（7）水稻收割与鳖鱼的测定。10 月 15 日使用收割机沿预留机械作业通道进入稻田（图 4-9）。收割前，田间存水放干，中华鳖和鲫鱼会自动转移至鳖沟内，不影响收割。每 hm² 随机选取 300 只中华鳖和 300 尾鲫鱼对其体重进行测量，评估生长性能。

图4-9 水稻收割

3. 结果与分析

（1）稻鳖鱼种养模式中鱼鳖生长情况分析。表4-1详细描述了投放和收获的中华鳖和鲫鱼的数量和质量。投放的中华鳖1 000只，其中雄性鳖苗计800只，总重量为545.4 kg，均重为0.685 kg，投放的雌性鳖苗共计200只，总重量为139.4 kg，均重为0.697 kg，投放的鳖苗大小均一，无明显差异；中华鳖收获总数为993只，抽样测定平均重量为0.934 kg，体重相对增重率为36.55%，死亡率为0.7%。鲫鱼放养850尾，均重0.029 kg/尾，收获总数810尾，抽样测定的体重相对增重率为364.7%，死亡率为4.7%。

表4-1 稻鳖鱼种养模式中鱼鳖生长情况分析

投放与收获	中华鳖					鲫鱼				
	总数量（只）	总重量（kg）	平均重量（kg/只）	死亡率（%）	增重率（%）	总数量（尾）	总重量（kg）	平均重量（kg/只）	死亡率（%）	增重率（%）
投放	1 000	684.7	0.685			850	25.10	0.029		
收获	993	927.18	0.934	0.7	36.55	810	116.64	0.144	4.7	364.7

（2）稻鳖鱼种养模式经济效益分析。表4-2展示了每公顷中水稻、中华鳖和鲫鱼的产量。表4-3列出了水稻收割后总的投资收益。综合分析表4-2和表4-3，稻鳖鱼生态养殖每公顷投资约4.9万元，收获生态水稻9 030 kg，净增产优质鳖135.9 kg，产生纯收益为17.65万元，投入产出比为1：2.36，较大程度提高了单位面积的经济效益。

表4-2 稻鳖鱼种养模式产量分析

种类	单位产量（kg/hm²）	净增产量（kg/hm²）
中华鳖	1 377	349.5
鲫鱼	173.25	135.9
水稻	9 030	

表4-3 稻鳖鱼种养模式的投资与收益分析

项目	投入			产出			纯收益（万元/hm²）
	投入量（kg/hm²）	金额（万元）	各部分投入占比（%）	单产量（kg/hm²）	金额（万元）	各部分投入占比（%）	
中华鳖	1 017.03	2.68	53.25	1 377	9.27	77.98	
鲫鱼	37.28	0.05	0.99	173	0.19	20.44	
水稻		0.2	3.97	9 030	2.43	1.58	
饲料、有机肥		0.56	11.03				
设施（按5年折旧）		0.34	6.75				
人工		1.16	23.02				
水电费		0.05	0.99				
合计		5.04	100.00		11.89	100.00	10.16

注：综合种养实际面积为0.67 hm²；合计中投放、产出的效益单位为万元/hm²。

4. 结论

（1）结构改良，节本便捷。本试验不同于以往稻田养鳖采用环形沟稻田养鳖，针对稻田需机械收割采取单边开沟作业方式，优点是操作方便、简单，减少了投资成本，在中华鳖资饲喂过程中便于人员投饲、管理和巡查吃食、活动等情况。

（2）模式创新，经济效益显著。稻鳖鱼共生系统提高单位面积经济效益，综合经济效益高，在稻田养鳖中引入鲫鱼，明显增加了单位面积经济效益，仅鱼类单位面积纯收益达2 775元/hm²。总经济效益为10.16万元/hm²，与传统种稻相比，经济效益极显著。

（3）生物多样，病害生态防控。稻鳖鱼共生系统在种养过程中引入鲫鱼增加了对水体饵料生物的利用率；稻田为鳖类活动提供了宽松优质的环境场所，活动、摄食、晒背范围大，生长发育快，增强了鳖的抗病性，生长期间几乎无疾病发生，达到了生态防控效果。

（4）提质增效，生态效益好。养鳖稻田避免了化肥和农药投入，减轻面源污染，改良了农业生态环境，生态效益显著。本研究是在无农药和化学污染的环境下进行，稻米和中华鳖的品质高，产品无药物残留，稻米和中华鳖产品的价值增值 50% 以上，实现了提质增效。

5. 讨论

稻田种养模式发展的初期，产品价格陡然升高，部分地区稻田养鳖的市场价格高达 160 ～ 300 元 / kg，稻谷价格也有所提高。随着面积的扩大，产量的上升，价格会下滑。因此，在发展过程中，要因地制宜，评估好当地的土质、水质环境、适宜的水稻品种和消费市场，循序渐进，不断调整种养组合方式，解决技术瓶颈，才能稳步发展。

第二节　沿江稻鳖综合种养技术

一、模式特点

此地区属于单双季混合稻区，地势平坦，土壤肥沃，降水量大，排灌方便，有利于稻鳖共作。对稻田进行改造，开挖"七"字形、"L"形、环形鳖沟，选择适养的水稻和水生生物，确立合理的放养密度及种养茬口安排，养殖过程中做好防逃、防病等管理工作。

二、典型案例

（一）案例一：怀宁县稻鳖共作典型案例

1. 基本信息

怀宁县胜玉生态养殖有限公司位于怀宁县秀山乡双龙村，水产养殖面积 310 亩，种植面积 324 亩。公司 2015 年进行了 20 亩的稻鳖共生养殖试验取得成功，目前规模发展到 150 亩，示范周边发展稻鳖共生养殖模式 800 余亩（图 4-10）。

公司稻鳖共生健康养殖模式 2016 年度被安徽省农委认定为省级"稻田综合种养示范基地"，其生产的稻鳖香米在 2016 年度"上海大"杯全国稻田综合种养产业技术发展论坛和稻田种养优质生态大米的评比中喜获"优质大米最佳品质与口感"银奖。

图4-10　怀宁县胜玉稻鳖生态养殖

2. 技术要点

稻鳖共生彻底改变单一式的种植模式，充分利用生物间的共生关系，种养过程中不打农药、不施化肥和配合饲料，完全依靠丰富的动物性饵料资源，大大提高了水稻和鳖的品质。水稻在整个生长期内以吸收池内的有机质肥料为主，真正做到绿色、无公害。鳖通过两年以上的生长，背甲光洁、裙边肥厚、鳖爪锋利、肉感劲道、胶质丰富，真正做到绿色、无公害，好吃又放心！

具体生产流程：

① 4—5 月，对水稻田按照生态健康养殖标准进行改造。完善防逃防盗设施、进排水设施、生产管理用房、水、电、路及配套设施。以 8 ~ 10 亩为一个单位，开挖暂养池沟，设在田间中心位置，占稻田总面积的 8% ~ 12%，田块中"+"字形沟，宽 0.3 ~ 0.5 m，沟深 0.3 m。田埂有条件达 1.5 m 宽，方便日常生产管理及饲料投喂（图 4-11 和图 4-12）。

② 6 月中下旬，栽插优质水稻（Y 两优 900）秧苗；6 月 5 日撒播秧苗，6 月 20 日左右栽插，行株距 14 cm×18 cm，每亩大概栽插 1.3 万 ~ 1.5 万株。

③ 7 月上旬，田间沟里投放优质甲鱼（中华鳖，日本鳖）苗种（规格 400 ~ 500 g / 只、亩投放 100 只）。

图4-11 在田间开挖一定面积的暂养池

图4-12 田间四周设防逃网

④ 7—11 月，稻田甲鱼生态健康养殖管理、病虫害防治。整个种养过程中坚持不打农药不施化肥，7—8 月投喂冰鲜小杂鱼，及时换水，保持水沟水位在 70 cm 以上。11 月底稻谷收割。可在水稻收割前 1 个月，国庆节左右在田间播撒紫云英草籽起到肥田作用（图 4-13 至图 4-15）

图4-13 向暂养池投喂冰鲜小杂鱼

图4-14 向暂养池投放藻类，净化水质

图4-15 水稻成熟，准备收割

⑤ 11月，捕捞商品甲鱼，对剩余甲鱼做好越冬工作，来年继续投放规格相近的甲鱼苗种，进行商品甲鱼生产（图4-16）。

图4-16 捕捞商品甲鱼

3.经济效益分析

按照2016年测产结果及市场销售价格分析：亩产优质水稻556 kg、生态鳖75 kg；稻鳖香米市场价格在10元/kg；生态鳖价格在90元/kg，综合亩产值达万余元，亩效益达 6 030 元，真正实现了"百斤鳖、千斤粮、万元钱"（表 4-4 至表 4-6）。

表 4-4　稻鳖共作种养和收获情况

品种	放种			收获		
	时间	平均规格（g/只）	（只/亩）	时间	平均规（g/只）	收获量（kg/亩）
中华鳖	7 月 12 日	500	100	12 月 30 日	750	75
稻	6 月 23 日			12 月 8 日		556
合计						

表 4-5　稻鳖共作种养经济效益

稻田面积：1 亩

项目	类别	金额（元）	备注
成本	稻种费	200	
	田租费	550	
	基建（沟、防逃、哨棚、水电等）费	630	
	化肥费	200	
	有机肥费		
	农药费		
	服务费（耕作、插秧、收割、管理）	500	
	中华鳖苗种费	1 100	
	水产饲料费（冰鲜鱼、螺蛳）	500	
	水产药物费		
	产品加工费	467	
	产品营销费		
	劳动用工费	133	
	其他		
	合计成本	4 680	
产值	总产值		
	每亩产值	10 710	
利润	总利润		
	每亩利润	6 030	

注：田租按可租田总费用分摊计算。

表 4-6　水稻单作经济效益

稻田面积：1 亩

项目	类别	金额（元）	备注
成本	稻种费	240	
	田租费	550	
	基建（沟、防逃、哨棚、水电等）费		
	化肥费	300	
	有机肥费	100	
	农药费	100	
	服务费（耕作、插秧、收割、管理）	200	
	产品加工费		
	产品营销费		
	劳动用工费		
	其他		
	合计成本	1 490	
产值	总产值		
	每亩产值	2 427	
利润	总利润		
	每亩利润	937	

4. 发展经验

① 苗种投放环节，死亡率较高。放养苗种时一是选择体格健全无伤的甲鱼，二是放养时间选择天气晴朗稳定的 6 月下旬。

② 做好防鸟工作。在养殖阶段，鸟类较多，对甲鱼造成伤害，设法驱鸟。

③ 做好病害防治工作。经常巡塘，了解鳖摄食、生长、病害及池塘水质、设施等情况。若发现有死鳖，应立即捞出深埋或焚化，发现病鳖应及时隔离治疗。日常工具应专用，并定期消毒。严防发病区工具与健康区的混用，以免造成疾病交叉感染。

④ 做好日常管理工作。注意防逃、防害、防盗、防中毒，应有专人负责看护。为防止中毒，养鳖稻田尽量不要用药，宜采用其他物理方法治虫。水质和水温对鳖的生长发育影响很大，要注意观察水色，分析水质，经常加注新水，适当

控制水位,一般水深掌握在 15 ~ 20 cm。高温季节,在不影响水稻生长的情况下,可适当加深稻田水位。

5. 品牌宣传

公司积极开展"三品一标"认证。目前生态甲鱼、大米正在申报无公害农产品,并已通过产品检测,待审核;公司 2017 年积极申报农业部健康养殖示范场。

(二)案例二:怀宁县穗丰家庭农场稻鳖共作典型案例

1. 基本情况

怀宁县三桥镇金闸村,穗丰家庭农场养殖户潘竹言,水稻种植面积 400 亩,其中稻鳖养殖面积 30 亩。公司 2016 年进行了 30 亩的稻鳖共生养殖试验取得成功,今年示范带动周边发展达 300 亩(图 4-17 和图 4-18)。

图4-17 安庆市怀宁县稻鳖共生示范田

图4-18 怀宁县水产科技示范园区

具体生产工系流程：

① 4—6月，对水稻田按照稻鳖生态健康养殖要求进行建设好田间工程。完善防逃防盗设施、进排水设施、生产管理、水、电、路及配套设施。以 8～10 亩为一个单位，开挖暂养池沟，设在田间中心位置，占稻田总面积的 8%～12%，田块中 "+" 字形沟，宽 0.3～0.5 m，沟深 0.3 m。田埂有条件达 1.5 m 宽，方便日常生产管理及饲料投喂（图4-19 至图4-23）。

图4-19 在稻田中心开挖一定面积的暂养池

图4-20 稻田四周设防逃防盗网和布置进排水设施

图4-21 田埂加高加宽，方便管理

②6月中下旬，用农机整理稻田并投入有机物肥每亩 250 kg，栽插优良水稻品种（Y 两优 1998 号），每亩插秧苗约在 1.2 万 ~ 1.5 万株。一般插秧苗后 7 ~ 10 d 开始投放甲鱼（中华鳖日本品系）苗种（规格 450 ~ 600 g/ 只、亩投放 100 只）。

图4-22 防护栏与鳖沟

③7—11 月，稻田甲鱼生态健康养殖管理、每 20 d 约换 40% 水，每 30 d 消毒一次，其他病虫害防治措施等工作。整个种养过程中坚持没打过农药和施化肥。

④11 月开始捕捞商品甲鱼，把田间暂养池中甲鱼全部捕起，集中放到专用池塘中越冬，便于管理与销售，稻田来年继续投放甲鱼苗，这样便于翌年进行稻鳖共生养殖生产。

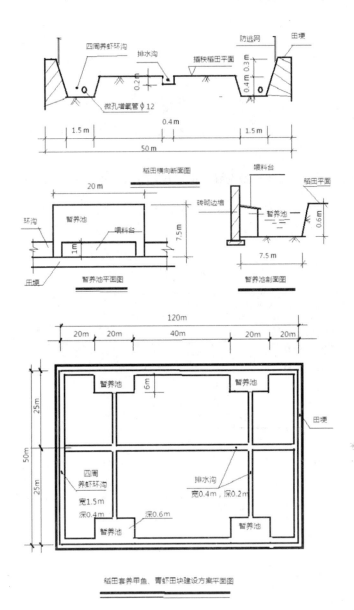

图4-23 稻鳖、青虾养殖稻田设计图

2. 经济效益分析

养殖生产成本分析:投苗成本平均重量500 g左右的甲鱼苗,每亩投放100只,均价20元/斤,(技术条件好的可投放200～300只/亩)计2 000元/亩,根据每年天气、水温情况，投放时间均为6月至7月上旬，当年养殖周期为160 d左右，用全价饲料约1.3斤/只，约8元（如田螺、小杂鱼，河蚌，其他肉料饵料，约7元）养殖160 d约增重0.6～0.8斤，收获期约1.7斤/只 饲料、药品、水电费等均10元/只。共计每只甲鱼成本30元，重量约为1.7斤/只，成活率90%～95%，总重量约160斤。每亩可收商品甲鱼160斤，每亩投入养殖费用3 000元。当年投入成本合计每亩4 000元。

按2016年30亩养殖情况分析：亩产优质水稻550 kg、生态鳖75 kg；稻鳖米市场价格在16元/kg；生态鳖价格在80元/kg，综合亩产值达万余元，亩效益达5 260元，实现了"百斤鳖、千斤粮、万元钱"的生态与经济效益（表4-7至表4-9）。

表4-7　稻鳖共作种养和收获情况

品种	放种			收获		
	时间	平均规格（g/只）	（只/亩）	时间	平均规格（g/只）	收获量（kg/亩）
中华鳖	7月10日	500	100	11月20日	800	75
稻	6月28日			11月12日		550
合计						

表4-8　稻鳖共作种养经济效益

稻田面积：30亩

项目	类别	金额（元）	备注
成本	稻种费	150	
	田租费	500	
	基建（沟、防逃、哨棚、水电等）费	1 200	
	化肥费		
	有机肥费	150	
	农药费		
	服务费（耕作、插秧、收割、管理）	700	
	中华鳖苗种费	2 000	
	水产饲料费（冰鲜鱼、螺蛳）	900	

项目	类别	金额（元）	备注
成本	水产药物费	200	
	产品加工费		
	产品营销费	100	
	劳动用工费	700	
	其他	300	
	合计成本	6 900	
产值	总产值	364 800	
	每亩产值	12 160	
利润	总利润	157 800	
	每亩利润	5 260	

注：田租按可租田总费用分摊计算

表4-9　水稻单作经济效益

稻田面积：1亩

项目	类别	金额（元）	备注
成本	稻种费	120	
	田租费	500	
	基建（沟、防逃、哨棚、水电等）费		
	化肥费	130	
	有机肥费		
	农药费	100	
	服务费（耕作、插秧、收割、管理）	700	
	产品加工费		
	产品营销费		
	劳动用工费		
	其他		
	合计成本	1 570	
产值	总产值		
	每亩产值	1 820	
利润	总利润		
	每亩利润	250	

（三）案例三：马鞍山虾鳖稻连作共生案例

1. 基本信息

养殖户王德淦，住马鞍山市博望区博望镇，马鞍山农腾生态农业科技发展有限公司的负责人。稻田养殖龙虾、甲鱼模式，面积 1 000 亩，2014 年流转博望区博望镇石臼湖旁 1 400 亩稻田种植水稻，该田块水源充足，水质良好，从事稻田养殖有得天独厚的优越条件。2015 年试点 700 亩虾鳖稻连作共生效益很好，2016 年扩大到 1 000 亩稻田开挖，建立示范性的虾鳖稻连作共生养殖基地。

2. 技术要点

（1）稻田条件。博望区博望镇石臼湖旁的稻田土质肥沃，黏性土保水性能好，且石臼湖水源充足，水质良好，排灌方便。

（2）田间工程建设。视田块高低合理分配养殖塘口，面积 30 ~ 50 亩不等，田块四周开挖"L"形养殖沟，沟宽 3 m，坡比 2：1，挖土作埂，每个田块留机械作业口 1 ~ 2 个，埋设进、排水管，做到进、排水分开。沟函相通，环沟形沟占田块总面积 10%，整个工程结束后用生石灰对全部田块进行消毒（图 4-24）。

图4-24　开挖标准稻田

田块合理安排后，应在每块田四周埋设防逃盖塑板或玻璃板，随后上水泡田，在"L"形沟内栽种伊乐藻，按 3 m 一丛栽植，稻板旋耕后，条播伊乐藻，间距 4 m。在田块周围拉间距 1 m 防鸟丝，防止禽鸟危害龙虾、幼鳖。

　　水稻的选择和插秧。水稻品种选南粳 46 和南粳 5055，主因其植株中等，秸秆坚硬，不易倒伏，分蘖力强，抗病抗虫害，适合稻田养殖。插秧时在鱼沟和鱼凼四周增加栽秧密谋，充分发挥边际效益，充分利用田体空间，平均 1.4 万穴 / 亩，插秧时间为 6 月 3—4 日（图 4-25 和图 4-26）。

图4-25　育秧田人工直播育秧

图4-26　人工插秧

　　通过水稻种植与水产养殖相结合，缓解水产养殖与水稻种植之间的用地矛盾，达到一地双收的目的。该模式需要进行田间工程改造，建造环形沟，沟宽

3 ~ 4 m，深 0.8 ~ 1 m，沟槽面积约占总面积 20%，田块面积一般为 10 ~ 20 亩，田面要平整；4 月每亩投放龙虾苗种 30 ~ 60 斤，养殖过程使用饲料喂养；7 月初进行水稻种植，同时投放甲鱼种每亩 30 ~ 60 只，水稻选择优质、抗病抗劣性好、抗倒伏的粳稻品种，种植可采用人工、机插、直播等方式，生产过程不使用任何化肥、农药、除草剂，收割可采用人工和机收；田间配置太阳能诱虫灯，诱杀虫类为水产动物提供天然饵料。沟槽要栽种水草，确保安全度夏。稻田上方一般设置丝状防鸟网。该模式重要的生态循环意义在于：水产动物摄食饵料后排放粪便为稻田施肥，增加水稻所需的氮、磷等养分，同时平常活动、摄食帮助清除田间杂草，由于不使用化肥土壤结构能得到有效改善，从而提高水稻品质。水稻又可以给龙虾、河蟹、甲鱼起到遮阳、降温作用（图 4-27 至图 4-32）。

图4-27　人工除草

图4-28　人工耘耙除草

图4-29　投放自己繁育的小龙虾苗

图4-30　投喂新鲜野石臼湖饵料鱼

图4-31　向稻田投放幼鳖

图4-32　水稻成熟，机械收割

3. 经济效益分析

公司种养面积达1 000亩，实现小龙虾亩产200斤，产值3 000元；鳖亩产90斤，产值5 400元；有机米亩产600斤，产值4 500元，共计亩产值12 900元。公司年产值达1 290万元，年利润500万元以上。

作为对照田900亩稻田仅种植水稻，共收稻谷900 000斤，按2.5元/斤计算，每亩产值2 500元，总产值225万元（表4-10至表4-12）。

表4-10　虾鳖稻连作共生种养和收获情况

种养面积：1 000亩

品种	放种			收获		
	时间	平均规格（g/只）或（g/尾）	放养量（kg/亩）或（尾/亩）	时间	平均规格（g/只）或（g/尾）	收获量（kg/亩）
龙虾	4月	4.2	25kg	6—7月	30	100
甲鱼	8月	500	60尾	12月	800	30
稻	6月		4kg	12月		500
合计						

4. 发展经验

（1）品牌建设。虾鳖稻连作共生田生产出的稻谷品质优良有机，因其在生产中多使用普通灯光诱虫和太阳能诱虫灯杀虫，零农药使用，加之龙虾和甲鱼在稻田中生长，吃掉大量害虫和虫卵，龙虾和甲鱼粪便又被水稻吸收，促进了水稻生长，水稻光合作用产生的大量氧气，又有利于龙虾和甲鱼生长。在种植过程中农药化肥用量为零，生产出的稻谷达到有机稻谷的标准，申请有机品牌，对提升稻谷价格，进一步提高稻谷品质，提增养殖户经济效益等多方面都有很大的上升空间。

（2）发展机制。经过稻田种植和虾鳖稻连作共生两种生产模式对比，发现虾鳖稻连作共生模式亩均利润是水稻单作的3倍，且抗风险能力强，若水稻因高温病害等遭受损失，可以从龙虾和甲鱼中收回成本，若龙虾和甲鱼养殖过程中遭受了损失，还可以依靠粮食收回部分成本，与水稻单作、池塘养龙虾、甲鱼相比较，其抗风险能力大大增强。该公司稻田水源都很充足，未来发展虾鳖稻连作共生模式的空间很大，前景广阔。

表4-11　"虾、鳖、稻"连作共生效益分析

成本：（以亩为单位）		产值：（以亩为单位）	
1. 土地流转费用	750 元	1. 小龙虾 200 斤	3 000 元
2. 耕田	80 元	2. 有机稻 1 000 斤	4 500 元
3. 人工育插秧	200 元	3. 鳖 90 斤	5 400 元
4. 播种	30 元		
5. 人工除草	100 元		
6. 农家肥	160 元		
7. 收割	100 元		
8. 电费	90 元	合计	12 900 元 / 亩
9. 虾苗 50 斤	1 000 元		
10. 鳖苗 60 只	1 200 元		
11. 虾鳖饲料	250 元		
12. 人工管理成本	800 元		
合计	4 760 元 / 亩		

经济效益可达 8 140 元 / 亩。

表4-12　水稻单作经济效益

稻田面积：900亩

项目	类别	金额（元）	备注
成本	稻种费	40 000	
	田租费	675 000	
	基建（沟、防逃、哨棚、水电等）费	100 000	
	化肥费	0	
	有机肥费	144 000	
	农药费	0	
	服务费（耕作、插秧、收割、管理）	270 000	
	产品加工费	0	
	产品营销费	0	
	劳动用工费	0	
	其他	162 000	
	合计成本	1 391 000	
产值	总产值	2 250 000	
	每亩产值	2 500	
利润	总利润	859 000	
	每亩利润	954.44	

第三节　环巢湖稻鳖综合种养技术

一、模式特点

此地区依托巢湖区域广阔的宜渔稻田资源，生态环境优越，水源水质好、规模化连片的稻田。开挖一定面积的鳖沟、鳖溜养鳖或用大垄双行水稻插秧的方式，为养殖鳖类留出生存的空间。主要套养稻鱼培育模式。主要包括稻田田块改造、种养管理方式改进、机械化收割、病虫害防治等技术。

二、典型案例

（一）基本信息

芜湖将军湾生态农业有限公司位于安徽省芜湖市南陵县许镇镇马仁村，水产养殖面积628亩，种植面积724亩。公司2013年进行了10亩的稻鳖共生养殖试验取得成功，目前规模发展到350亩，示范周边发展稻鳖共生养殖模式6 000余亩（图4-33和图4-34）。

图4-33　南陵县许镇镇马仁村稻田养鳖实景图（水稻成长期）

图4-34　南陵县许镇镇马仁村稻田养鳖实景图（水稻成熟期）

公司先后被认定为农业部水产健康养殖示范场、芜湖市农业产业化龙头企业，公司注册的"将军湾"牌名优特水产品已获得无公害农产品认证、"将军湾"大米已获得有机产品认证，"将军湾"商标被认定为芜湖市知名商标称号。

公司首创的稻鳖共生健康养殖模式及稻鳖香米在2016年度"上海大"杯全国稻田综合种养产业技术发展论坛和稻田种养优质生态大米的评比中喜获"种养技术创新"和"优质大米最佳品质与口感"双项银奖，同时获得"优秀企业绿色生态奖"（图4-35和图4-36）。

图4-35 "将军湾"牌生态米

图4-36 "将军湾"牌生态鳖

（二）技术要点

稻鳖共生彻底改变单一式的种植模式，充分利用生物间的共生关系，种养过程中不打农药、不施化肥和配合饲料，完全依靠丰富的动物性饵料资源，大大提高了水稻和鳖的品质。水稻在整个生长期内以吸收池内的有机质肥料为主，真正做到绿色、无公害。鳖通过两年以上的生长，背甲光洁、裙边肥厚、鳖爪锋利、肉感劲道、胶质丰富，真正做到绿色、无公害。

具体生产流程：

① 3—5 月，对水稻田按照生态健康养殖标准进行改造。完善防逃防盗设施、进排水设施、生产管理用房、水、电、路及配套设施。在田块间以 30 m 为半径，设置太阳能灭虫灯每 20 亩安装一台 2 000 元的灭虫灯。以 8 ~ 10 亩为一个单位，开挖 "U" 沟，沟底宽 1 m，面宽 2.5 m，沟深 1 ~ 1.2 m，坡比为 1.5 ：1，占稻田总面积的 10% ~ 20%。进排水管口加密眼网布过滤防逃，田块四周用厚塑料膜加网片围栏，塑料膜埋入土中 15 cm 以上，土上高度保持 45 cm 以上。主埂宽 2.5 m，子埂宽 1.5 m，方便运输及机耕作业（图 4-37 至图 4-40）。

图4-37　稻田养鳖田埂围栏工程（含进排水管）

图4-38　加固围栏，完善防逃

图4-39 挖掘机开挖"U"形沟槽

图4-40 检查电、路及安装防盗设施

②6月中下旬，栽插优质水稻（上海嘉花1号）秧苗；6月10日左右撒播秧苗，6月25日左右栽插，行株距14 cm×18 cm，每亩大概栽插2.6万株（图4-41和图4-42）。

③7月上旬，田间沟里投放优质甲鱼（中华鳖，日本鳖）苗种（规格400～500 g/只、亩投放55只）（图4-43）。

图4-41 机械化秧苗插播

图4-42 人工秧苗插播

图4-43 鳖苗放养

④ 7—11 月，稻田甲鱼生态健康养殖管理、病虫害防治。整个种养过程中坚持不打农药不施化肥，水稻活棵后采用放鸭除草，放养雏鸭（20 只/亩），同时甲鱼进入田面摄食除草除虫及灭虫灯杀虫；7—8 月，适当投放青蛙除草、除虫：投放当地青蛙 10 只/亩；按甲鱼总体重 3% 每天傍晚在田间沟投喂冰鲜小杂鱼，及时换水，保持水沟水位在 70 cm 以上。11 月底或 12 月初稻谷收割。可在水稻收割前 1 个月，国庆节左右在田间播撒紫云英草籽起到肥田作用（图 4-44 至图 4-47）。

⑤ 12 月至翌年 2 月，采用地笼捕捞商品甲鱼，对剩余甲鱼做好越冬工作，来年继续投放规格相近的甲鱼苗种，进行商品甲鱼生产。

图4-44　秧苗活棵后放鸭除杂草

图4-45　向田间投放青蛙除草、除虫

图4-46 水稻成熟，丰收在望

图4-47 机械收割水稻

（三）经济效益分析

按照2016年测产结果及市场销售价格分析：亩产优质水稻535.65 kg、生态鳖52.8 kg；稻鳖香米市场价格在30元 / kg；生态鳖价格在100元 / kg，综合亩产值达万余元，亩效益达3 824.01元，真正实现了"百斤鳖、千斤粮、万元钱"（表4-13至表4-15）。

表4-13 稻鳖共作种养和收获情况

品种	放种			收获		
	时间	平均规格（g / 只）	（只 / 亩）	时间	平均规格（g / 只）	收获量（kg / 亩）
中华鳖	7月5日	450	55	12月30日	960	52.8
稻	6月23日			12月8日		535.65
合计						

表4-14　稻鳖共作种养经济效益

稻田面积：1亩

项目	类别	金额（元）	备注
成本	稻种费	200	
	田租费	500	
	基建（沟、防逃、哨棚、水电等）费	570.9	
	化肥费		
	有机肥费		
	农药费		
	服务费（耕作、插秧、收割、管理）	400	
	中华鳖苗种费	1 100	
	水产饲料费（冰鲜鱼、螺蛳）	500	
	水产药物费		
	产品加工费	413.4	
	产品营销费		
	劳动用工费		
	其他		
	合计成本	3 684.3	
产值	总产值		
	每亩产值	7 508.31	
利润	总利润		
	每亩利润	3 824.01	

注：田租按可租田总费用分摊计算。

表4-15 水稻单作经济效益

稻田面积：1亩

项目	类别	金额（元）	备注
成本	稻种费	240	
	田租费	500	
	基建（沟、防逃、哨棚、水电等）费		
	化肥费	200	
	有机肥费	100	
	农药费	100	
	服务费（耕作、插秧、收割、管理）	200	
	产品加工费		
	产品营销费		
	劳动用工费		
	其他		
	合计成本	1 340	
产值	总产值		
	每亩产值	2 400	
利润	总利润		
	每亩利润	1 060	

（四）发展经验

建设了一套科技含量较高的稻田综合种养物联网远程控制系统，通过在水产精细养殖物联网在稻田综合种养池部署水质监测、水位水温传感器和智能摄像头，实现对池塘溶解氧、pH值、水温、水位水质和环境参数以及周边状况的实时显示，养殖人员可以通过现场设备或网络终端对增氧、投料等饲养设备进行网络、手动、手机远程三种控制，做到适时监控，降低种养管理成本，增加效益。

建立产品质量追溯系统。2016年与安徽阡陌网络科技有限公司合作开发农产品质量追溯系统，从养殖环节着手，完善生产经营记录，包括生产者及基地环境、农业投入品、生产管理、加工、包装等信息，创建农产品生产经营档案并建立数据库。同时，将检测机构、认证机构的相关信息接入，建立追溯平台。根据统一的农产品编码标准，每一个农产品生成一个二维码。通过互联网技术或移动无线通信技术分别向上游的养殖环节、下游的批发和零售环节自动链接信息，进行数据上传下载。经FID标签和条码间信息的转换，实现从种养到零售终端相关信息的正向跟踪和零售终端到种养业相关信息的逆向溯源（图4-48至图4-50）。

搭建电子商务网络直销农产品交易平台，拓宽销售渠道。利用当前电子商务网络销售热点，拓宽销售渠道，开通了芜湖将军湾生态农业网上直销农产品交易平台，积极与南陵圆通物流公司合作，提高销售效率；通过物联网远程操作系统，让消费者更直观地参与整个种养环节（图4-51）。

图4-48　投入使用的农产品质量追溯系统

图4-49　投入使用的农产品质量追溯系统

图4-50 投入使用的农产品质量追溯系统　　　图4-51 在电子商务平台直销大米

（五）品牌宣传

借助"将军湾"商标扩大品牌效益，积极开展"三品一标"认证。目前"将军湾"牌名优特水产品已获得无公害农产品认证；"将军湾"牌大米已获得有机产品认证；"将军湾"牌绿色产品认证已通过产品检测，待审核；"将军湾"商标被认定为芜湖市知名商标称号。同时稻鳖农产品积极亮相各类农产品交易博览会，受到部级领导和安徽省委主要领导的高度评价。在2016年度"上海大"杯全国稻田综合种养产业技术发展论坛和稻田种养优质生态大米的评比中，芜湖将军湾生态农业有限公司首创的稻鳖蛙共生健康养殖模式及稻鳖香米在喜获"种养技术创新"和"优质大米最佳品质与口感"双项银奖，同时获得"优秀企业绿色生态奖"。2017年3月，在浙江杭州举办的第十一届中国东方龟鳖论坛，南陵县应邀在论坛作典型发言，介绍南陵县"稻鳖蛙共生模式"。2017年6月，分别参加了2017首届中国（合肥）国际现代渔业暨渔业科技博览会和首届中国（潜江）国际龙虾·虾稻产业暨良之隆·2017首届中国楚菜食材电商节，以此进一步宣传稻鳖蛙共生健康养殖模式，提升产品知名度，提高产品附加值（图4-52和图4-53）。

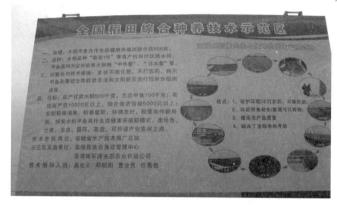

图4-52　全国稻田综合种养技术示范区

图4-53　稻鳖共作产品

第四节　山区稻鳖综合种养技术

一、模式特点

此地区水源条件好，有微流水，氧气充沛，大力推行宽陇式稻鳖工程。水稻种植采用半旱式，以垄沟中的水持续浸润垄埂的灌溉方式栽培水稻，选择抗病、抗倒、抗淹的水稻品种，采取"宽窄行、边际加密"水稻插秧的方式，田埂种植水生蔬菜，花草，净化水质。设防逃设施。

二、典型案例

（一）基本信息

种养大户鲁海平，住桐城市青草镇里仁村，亚可骋家庭农场负责人。2015年经镇、村协调成功流转水田 2 116.4 亩，从事规模化优质水稻种植。2016 年初，为适应产业结构调整大趋势，了解稻田综合种养市场前景和发展方向。通过考察，鲁海平选定发展"稻鳖共养"绿色种养模式。在大沙河畔，选择一片面积 160 亩。该田块地面平整，水源充足，水质良好，从事稻田养殖有得天独厚的优越条件。8 块稻田，每块平均 20 亩左右。投放鳖苗 3 500 kg，通过精心管理，稻鳖纯收入278 000 元。取得良好经济效益和社会效益。是桐城市稻鳖共作养殖示范基地之一（图 4-54 和图 4-55）。

图4-54 桐城市稻鳖共作实景图

图4-55　桐城市稻鳖共作示范牌

（二）技术要点

1. 稻田条件

里仁村境内大沙河沿岸稻田土质肥沃，沙壤性土，适合稻鳖生长，且水源充足，水质良好，排灌方便。

2. 田间工程建设

三月初开始开挖"七"字形沟、沟宽5 m，深1.2 m，沿田埂两边开挖，开挖的泥土地用于加宽、加高、加固稻田堤岸，田间深沟是鳖觅食活动场所，面积为稻田总面积的10%。整个工程在3月底结束，基建结束后用生石灰对沟体进行消毒。

3. 防护与配套设施

在进排水口及四周的田埂，用1.5 m高的铁栅栏下埋20 cm防逃，然后用木桩、铁丝固定，进排水系统分开设置，进水和排水口成对角线安置，用较密的铁丝、聚乙烯双层网封好，每田块独立防护，以防止甲鱼逃逸和敌害侵入。

4. 水稻的选择和插秧

水稻品种选长优5号，主因其植株中等，秸秆坚硬，不易倒伏，分蘖力强，抗病抗虫害，适合稻田养殖。插秧时宽窄行搭配，充分发挥边际效益，充分利用田体空间，平均 1.1 万穴 / 亩，插秧时间为 6 月 3—10 日（图 4–56）。

图4-56　秧苗返青生长

5. 鳖苗放养

于 6 月 8 日施足基肥，以培养繁殖浮游生物，7 月 20 日进行鳖苗放养，从安庆西江水产养殖有限公司采购鳖苗 3 500 kg、公母分开，大小分开，用聚维酮碘消毒后，投入稻田沟中，平均每亩投放 25 kg，在养殖过程中做好防逃、防病等管理工作（图 4–57 至图 4–59）。

图4-57　幼鳖进行消毒

图4-58　投放幼鳖

图4-59　幼鳖爬向稻田

6. 日常管理

该养殖户住家离稻田很近，每天从早到晚几乎都在田间，凡事亲力亲为，能及时观察水质，适时换水，保持水质良好，在7月中旬鳖苗发病季节，每隔2周用生石灰沿沟泼洒，恩诺沙星拌饲料投喂，整个养殖周期内病害现象很少发生，同时定期清理进排水管道中的拦鱼设备，保持稻田周边环境整洁、安静。在稻田病虫害防治方面，采取以杀虫灯杀虫为主，无农药防治，长期使用有机肥，水稻长势良好（图4-60至图4-62）。

图4-60　水稻收割测产测收情景

图4-61　专家检查稻穗结实情况

图4-62　稻鳖共养稻田选择

（三）经济效益分析

经统计分析 160 亩稻鳖共作，收获成鳖 5 250 kg，销售平均价格 110 元 / kg 计算。稻谷 82 500 kg，按 2.5 元 / kg 计算，总产值 728 000 元，总成本 450 000 元，总利润 278 000 元，亩平均利润 1 737.5 元（表 4-16）。

表 4-16 稻鳖共作种养和收获情况

品种	放种			收获		
	时间	平均规格（g / 只）	（只 / 亩）	时间	平均规格（g / 只）	收获量（kg / 亩）
中华鳖	7 月 10 日	500	50	12 月 28 日	900	33
稻	6 月 8 日		11000 株 / 亩	11 月 20 日		516.5
合计						

作为对照田 160 亩稻田仅种植水稻，共收稻谷 82 500 kg，按 2.5 元 / kg 计算，总产值 208 000 元，总成本 194 200 元，总利润 13 800 元，每亩平均利润 86.25 元（表 4-17 和表 4-18）。

表 4-17 稻鳖共作种养经济效益

稻田面积：160 亩

项目	类别	金额（元）	备注
成本	稻种费	19 200	
	田租费	80 000	
	基建（沟、防逃、哨棚、水电等）费	50 000	
	化肥费		
	有机肥费	20 000	
	农药费		
	服务费（耕作、插秧、收割、管理）	60 000	
	中华鳖苗种费	160 000	
	水产饲料费	35 000	
	水产药物费	2 000	
	产品加工费		

续表

项目	类别	金额（元）	备注
成本	产品营销费	10 000	
	劳动用工费	15 000	
	其他		
	合计成本	450 000	
产值	总产值	728 000	
	每亩产值	4 550	
利润	总利润	278 000	
	每亩利润	1 737.5	

注：田租按可租田总费用分摊计算。

表4-18 水稻单作经济效益

稻田面积：160亩

项目	类别	金额（元）	备注
成本	稻种费	19 200	
	田租费	80 000	
	基建（沟、防逃、哨棚、水电等）费		
	化肥费		
	有机肥费	20 000	
	农药费		
	服务费（耕作、插秧、收割、管理）	60 000	
	产品加工费		
	产品营销费		
	劳动用工费	15 000	
	其他		
	合计成本	194 200	
产值	总产值	208 000	
	每亩产值	1 300	
利润	总利润	13 800	
	每亩利润	86.25	

（四）发展经验

1.品牌建设

稻鳖共作田生产出的稻谷品质优良无公害，因其在生产中多使用灯光诱虫杀虫，减少了农药使用量，加之鳖在稻田中生长，吃掉大量害虫和虫卵，还能为水稻根系松土，鳖粪又被水稻吸收，促进了水稻生长，稻田空间大，又有利于鳖的生长和品质。大沙河畔沙壤土，自古米质品优，在种植过程中不使用农药化肥，生产出的稻谷达到有机稻谷的标准，若能申请有机品牌，对提升稻谷价格，进一步提高稻谷品质，提增养殖户经济效益等多方面都有很大的上升空间。

2.发展机制

经过稻田种植和稻鳖共作两种生产模式对比，发现稻鳖共作模式亩均利润是水稻单作的多倍，与水稻单作、池塘养鳖相比较，其抗风险能力大大增强。目前青草镇水稻面积8万余亩，有一半以上的稻田水源都很充足，未来发展稻鳖共作、种养双赢模式的空间很大，前景广阔。

第五节　其他省份稻鳖综合种养技术

一、案例一：四川省德阳稻鳖鱼菜共生案例

（一）基本情况

德阳黄金甲生态农业有限公司在当地政府的大力支持下，以种养结合为主要技术特征和手段，在2011年及2013年分别利用20余亩的鱼池开展"鳖、鱼、稻、菜"生态循环生产技术探索。经过试验，取得了亩产鱼200余斤、稻500余斤、商品鳖500余斤和水生蔬菜2 200余斤、亩产值4万元以上的好成绩，并且鳖、鱼、稻、菜全部达到绿色食品标准。在不断总结前两年经验的基础上，继续推广发展"鳖、鱼、稻、菜"生态循环生产技术，2013年，按照有机农场和湿地公园标准成建300余亩试验示范基地，其中试验田38亩，亩产商品鳖达700余斤，套养的鲫鱼、丁桂以及草鱼苗种等亩产达260余斤；在试验过程中做到"零施肥""零用药"种植条件下，优质稻谷正常生长，亩产达600余斤；水蕹菜亩产达2 500斤以上，每亩收入达到 4.5 万元以上。为将"鳖、鱼、稻、菜"生态循环生产技术成果进一步推广，当地政府计划"十二五"期间在丘区推广 3 000 ~ 5 000 亩"稻、鳖、鱼、菜"绿色生态循环渔业养殖，为丘陵地区农民找到一条致富路子，兴起了旌阳区绿色生态循环渔业养殖新模式，得到了省、市、区领导及国内有关专家的肯定，并取得了显著地经济和社会效益。

（二）技术要点

创新稻田综合种养技术，稻田种养结合循环农业模式生态环境效应明显，其主要体现在节肥、节药、抑草、改善土壤和水体等方面上。实现"稻、鳖、鱼、菜"共生。稻田、稻田水体及空间进行立体化生产，水稻和鳖、鱼互利共生，水稻为鳖、鱼等提供清新荫凉的水体，鳖、鱼的粪便作为水稻有机肥，减少农业面源污染，鳖、鱼吞食水稻病虫害，清除蚊子幼虫，可基本不用水稻化肥和农药。

1. 水稻种植采用半旱式

以垄沟中的水持续浸润垄埂的灌溉方式栽培水稻，为水稻生长创造一个优越的环境条件，较少病虫害的发生，对改变冷浸田水稻迟发、僵苗不发也有明显的效果，水稻可稳产甚至增产 5% ~ 10%，亩产名优水产品可达 50 ~ 100 kg，实现一水两用、一地多收（图 4-63）。

图4-63　半旱式水稻种植

2. 水稻品种要筛选

未经筛选的常规水稻，容易出现倒伏、不易肥、易淹、抗病能力不强等问题。在稻田综合种养中，要根据当地稻作方式、气候水文条件以及套养水产生物的特性要求，筛选一批适用当地的，更适合混养甲鱼的优良水稻品种。作为混养的甲鱼，比较常规养殖。

3. 水稻栽培有窍门

稻田综合种养实施中要有水产生物的活动空间。如鱼沟、坑；防逃设施，如围网；保水设施，如高垄等，这些工程将减少水稻面积 5% ~ 10%。为保障水稻产量不减，可采用"宽窄行、边际加密""合理密植、环沟加密"等，利用边坡控制苗数，增大穗；有条件的地区还可通过茬口衔接，利用冬闲田或水稻种植空闲期进行水产养殖。采取浅水栽插、宽窄行栽种，可便于 1 kg 左右的成鳖在稻田间正常活动，移植密度以 30 cm × 15 cm 为宜。技术规范，养殖沟比例在 8% ~ 10%，沟内种草（可兼顾观赏性与实用性，菖蒲自身便有抑菌杀菌等水质净化效果）。

4. 水稻疾病监测

秧苗在 5—6 月上旬前播种，水稻收割后养鳖，做到一控肥，整个生长期不施肥，二控水，早搁田控苗，分蘖末期达到 80% 穗苗时重搁，使稻根深扎；后期干旱灌溉，防止倒伏，只治虫不防病，生产无公害稻米。

5. 鳖种投放

投放前用生石灰按每平方米 80 g 的比例来对稻田水进行消毒，再搁置半个月左右才投放。投放时间视鳖种来源而定，土池鳖种在 5 月中下旬晴天进行，温室鳖种在秧苗栽插后的 6 月中下旬（水温稳定在 25℃左右），放养密度 100 只 / 亩左右。鳖种必须雌雄分开，否则自相残杀相当严重。雄鳖比雌鳖生长速度快且售价更高，有条件地方建议全投雄鳖。田间沟内可放养适量白鲢，以调节水质。饵料投喂，鳖为偏肉食性的杂食性动物，所投喂的应以低价的鲜活鱼或加工厂、屠宰场下脚料为主。温室鳖种要进行 10 ~ 15 d 饵料驯食，完成后不再投喂人工配合饲料。鳖种入池后即可开始投喂，日投喂量为鳖体总重的 5% ~ 10%，每天投喂 1 ~ 2 次，一般以 1.5 h 内吃完为宜。具体投喂量视水温、天气、活饵等情况而定。有条件的地方可设置太阳能黑光灯杀虫器，为鳖和小龙虾补充营养丰富的天然动物性饵料（图 4-64）。

图4-64　投放鳖苗并装置太阳能黑光灯杀虫器

6. 鳖生病预防措施

鳖属于好斗物种，不时会在内斗中被咬伤，伤口可能受到感染。可趁其晒背时密切观察有无伤口。如果人至不去，说明伤势较重，必须医治。杀菌消毒药物可选较温和的典制剂，较强力的氯制剂或高锰酸钾，视鳖自身的体质而定。陈文泉按鳖的个头大小为其分别打造了隔离池，可避免对大田用药，隔离池种满水生植物以优化病鳖的康复环境。

7. 实现生态防控

水稻种植采用半旱式，为水稻生长创造一个优越的环境条件，较少病虫害的发生；在田埂上、沟边、鱼塘中种植水芹菜、菖蒲、凤眼莲等水生蔬菜、花草等，实现以菜控制杂草生长，以菜净化水质，用菜监测水质的作用；使用昆虫诱光灯诱捕昆虫，既减少了水稻病虫害，又能用诱捕的飞蛾、蚊子等喂农田里的鳖和鱼，提高了鳖、鱼产量；施复合有益菌净化水质、抑制病菌，最终实现生态防控、绿色种养。

（三）循环发展

1.池外循环

重点引进、试验和集成、示范和推广套种水生经济植物（以及施用有益菌）净化水质以及整治养殖废水排放沟。通过水生蔬菜、水生植物吸收、转化、利用一部分内源性污染物质等，可以减少内源性污染存量，净化水质。有利于促进水产养殖生产方式朝生态、环保、健康方向转变，有利于探索出渔业水域（现有主体为集约化养殖池塘）环境治理和渔业生态文明建设（节水、净水、美景等）以及水产品质量安全保障的新途径（套种水生经济植物净化水质等）。整治养殖废水排放沟，使之变成生态养殖沟，将净化过的水通过山顶的沉淀池经引水沟再次引流到鱼池，达到水资源的综合循环利用和可持续发展。

实施内容：水库（水源地）天然型健康养殖，在不施药、少投饵的前提下，放养胭脂鱼（高档滤食性鱼）净化水质。稻田:种养结合型健康养殖——"鳖、鱼、稻、菜"生态循环农业。通过采用种养结合、互利共生的方式，同一稻田生产可以实现鱼（以及鳖等）、稻（菜以及水生植物等）双丰收、品质双提升、效益大增长。以水生、湿生、食用、药用、观赏植物改良水质建设。种植挺水草本植物（水生美人蕉、水竹、再力花、水生鸢尾、千屈菜等）、水源、喜湿植物（水杉、垂柳、红柳等）苗种通过这些植物吸收、转化、利用一部分内源性污染物质等,可以减少内源性污染存量,净化水质。水产养殖生产废水净化循环利用:整治养殖废水排放沟，使之变成生态养殖沟，将净化过的水通过山顶的沉淀池经引水沟再次引流到鱼池，达到水资源的综合利用和可持续发展。

2.池内循环

利用丘区下湿田以及微水池、塘堰、水库等水体和污染较少的自然环境条件，通过种养结合（种稻、水生蔬菜与养鳖、鱼结合）、互利共生、生态防控（使用诱光灯诱蛾、施有益菌抑制病菌等）的方式，解决好目前养鳖（鱼）水体中普遍存在的内源性污染较严重等问题以及水稻种植普遍存在的品质不高、效益不高等问题，发展资源节约、环境友好、产品优质、经济高效的生态循环农业的生产。

（四）经济效益分析

实现多种经营。实现第一产业、第二产业、第三产业综合发展，做到一水多用，这也是稻田综合种养的魅力所在。

1. 主要产品

销售绿色、有机甲鱼、大米；基地有波光粼粼的大片鱼塘可供垂钓，鱼塘四周栽种了丰水梨、番茄、豆角等瓜果，可供采摘。农家菜则以甲鱼为主打产品，除了新鲜大补的甲鱼汤，还有市场难得一见的甲鱼蛋、甲鱼胆泡的酒；池塘里的荷叶制成荷叶茶，周边的中草药菖蒲制成可食用的药材；甲鱼壳有重要的防癌成分，把它磨成粉，混合面粉做成馒头，吃起来口感更筋道；鱼塘周边陡坡种树种草，打造景观林、生态林、经济林、花卉观光基地；养鱼、种植、灌溉、生活、环境、湿地蓄水，利用、净化、保持，进行山水林田土路综合规划开发，建设湿地生态公园，实现休闲、观光、学习等多位一体湿地公园。

2. 积极拓展市场

理性分析市场，利用新媒体营销。德阳黄金甲生态农业有限公司负责人陈文泉了解到，目前四川甲鱼的养殖和消费数量占到诸如湖南、江浙等传统水产大省均不到十分之一，基本属于小众消费，甲鱼作为一项特色水产养殖品种，他分析目前市场上销售的 80% 以上属于温室养殖，虽然产量大、效率高，但也存在用药超标、品质下降等问题，在传统市场上，他的在稻田里养的生态产品，跟温室养相比，肉质、保健效果都好得多，一斤要卖一百多块钱，而温室养的最低只需要二三十元，因此他的生态甲鱼在价格上没有竞争力，而德阳老百姓还没有形成为高品质生活付出更高价钱的意识，于是他选择了"体验式营销"和"新媒体营销"的另类销售方式，通过微信朋友圈，熟人推介，一传十十传百，知晓的人群迅速扩大，以扩大其影响，他是在微信里营销农产品的少数人之一。

3. 服务做到家

甲鱼最滋补的吃法是清炖，但是四川人受不了那么清淡的味道，多半还是喜欢红烧。为了满足家庭厨房的需要，现在卖出去的甲鱼除了明确要求新鲜不斩杀的，他们卖甲鱼会先给客户加工好，做到买回家可以直接下锅。并且针对不同需求，还会给消费者讲一些甲鱼的家常做法和注意事项。

4.政企合作，带动农户增收，共创和谐美丽新村

政府大力支持。近年来当地政府根据行业特点，围绕"稻、鳖、鱼、菜"生态循环养殖，发挥资源优势，着力科技创新，围绕"科技兴渔"，充分调动一切积极因素，加大财政扶持力度，强化水产业支持保护体系，狠抓产村相融，推进新农村建设，抓紧推进水产良种繁育基地、水产科学技术服务推广体系等项目建设，增强水产市场辐射带动功能，推动全区水产产业集群，助农增收。

5.探索新模式，助农增收

采用"龙头企业（基地）+专家大院（科研院所）+专合组织+农户"的产业化经营模式以示范和带动农户。经过十余年的发展，富新村已经成立了甲鱼协会，带动了一些农民先后采用微水池集雨集灌、稻田立体养殖等技术进行生态喂养。开展新农村水产示范村建设，示范面积已达500余亩，涉及农户100余户，辐射带动面积2 000余亩，带动农户200余户，示范村人均渔业收入达4 000元，渔业助农增收达25元以上。目前，当地政府正以农头企业为基础，积极同四川省水产研究所、德阳市水产专家大院、市、区科技局等单位开展"产、学、研"多向合作，共同创建四川省稻田种养结合技术试验示范基地。其中，以"稻、鳖、鱼、菜"生态循环养殖模式为主体的稻田综合种养新技术在全区推广面积已达500余亩，带动农户100余户，帮助丘区农民找到一条致富的新路子，有力地拓展了旌阳区水产养殖发展空间，促进了生态健康、特色优势水产业的发展，促进了渔业增效、农民增收。

二、案例二：余姚市稻鳖新型养殖模式与技术

（一）基本信息

李建立，余姚市陆埠镇郭姆村。余姚市鼎绿生态农庄有限公司成立于2010年，该公司是一家以品牌+基地+龙头企业的余姚市级农业龙头企业，是宁波市中华鳖标准化养殖示范基地和余姚市高效稻渔综合养殖示范基地，拥有基地养殖面积528亩，其中核心示范区98亩，已基本形成科研、生产、销售一条龙产业体系。无贷款和外债，资产状况和财务经济状况良好（图4-65）。

图4-65　余姚市稻鳖养殖实景图

（二）技术要点

1. 田间工程

养殖沟渠：养殖沟渠面积控制在稻田总面积的10%以内，按"口"或"田"字形结构布局。沟渠以上宽下窄的倒梯形结构为佳，沟深0.8 m以上，沟上口宽1.5～2.0 m，坡度以1∶0.5～1∶1为宜，并在沟渠上设置一条3 m宽农机通道。

防逃设施：试验田块四周可采用水泥砖设置防逃设施。水泥砖高出地面60 cm，距离塘埂内边50 cm以上。

防盗设施：种养区四周设置高1.5 m以上防盗铁丝网，并在铁丝网内部放高60 cm水泥砖。同时在主要道路和通道口设置监控探头。

防鸟设施：种养区四周每隔2 m设置一个水泥杆，水泥杆底部入土30 cm，上部1.5 m，用铁丝将"田"字对应平行边上的水泥杆连接，在铁丝上每隔0.5 m用14股的尼龙绳连接，以此稻田上方设置防鸟网。

2. 水稻栽培与田间管理

播种：选择适宜口味佳单季稻稻种。

移栽：播种20日后进行移栽。按照大垄双行栽插技术种植，株距18 cm、大垄宽40 cm，小垄宽20 cm，为中华鳖提供足够的活动空间（图4-66）。

图4-66 "大垄双行"水稻种植

病虫害防治：物理防治，在稻田四周安装太阳能防虫灯；化学防治，在田块内安装化学物质防虫灯，通过性诱剂捕食虫子；生物防治，利用中华鳖杂食性在稻田吃虫、赶虫。同时在田块四周种植香根草、非洲菊等植物，吸引田块中虫子到田埂上。

3. 水产品放养与饲养管理

中华鳖鳖种选择：从有资质的种苗场选购池塘外塘培育的中华鳖雄性鳖种，规格为200～400 g/只，健康无病灶，体表光洁，底板光滑，无损伤，四肢健全有力，活力强。

苗种放养：为提高中华鳖稻田放养成活率，在放养前一天用中草药制剂每立方米泼洒80 g/m³泼洒稻田，放养中华鳖密度为30～60只/亩。放养中华鳖前需做好中华鳖鳖种消毒。稻谷收割后可放养一批青虾苗种。

中华鳖养殖管理：养殖期间，全程不投喂中华鳖配合饲料。在养殖中后期可通过套养抱卵青虾、泥鳅苗或投喂野杂鱼、螺蛳等补充生物饵料。

4. 水稻与水产品收获

稻田收割：稻谷成熟后用收割机收割。稻谷收割完后，提高田块水位，淹没稻秆。

中华鳖起捕：翌年水稻收割后放干水陆续起捕出售。

（三）经济效益分析（表4-19）

表4-19 稻鳖共作种养经济效益

<table>
<tr><td rowspan="20">成本</td><td rowspan="2">1.池塘承包费</td><td colspan="2"></td><td>面积（亩）</td><td>单价（元/亩）</td><td>总价（元）</td></tr>
<tr><td colspan="2"></td><td>98</td><td>550</td><td>53 900</td></tr>
<tr><td rowspan="3">2.苗种费</td><td>品种</td><td>数量</td><td>单价（元）</td><td>总价（元）</td></tr>
<tr><td>中华鳖</td><td>9 000 只</td><td>35</td><td></td></tr>
<tr><td>小计</td><td>9 000 只</td><td>35</td><td>315 000</td></tr>
<tr><td rowspan="3">3.饲料费</td><td>类别</td><td>数量（kg）</td><td>单价（元）</td><td>总价（元）</td></tr>
<tr><td>小杂鱼</td><td>19800</td><td>4</td><td>79 200</td></tr>
<tr><td>小计</td><td></td><td></td><td>79 200</td></tr>
<tr><td rowspan="3">4.渔药费</td><td>类别</td><td>数量</td><td>单价（元）</td><td>总价（元）</td></tr>
<tr><td>消毒剂（箱）</td><td></td><td></td><td>26 400</td></tr>
<tr><td>小计</td><td></td><td></td><td>26 400</td></tr>
<tr><td rowspan="8">5.其他</td><td>项目</td><td>数量</td><td>单价（元）</td><td>总价（元）</td></tr>
<tr><td>肥料（kg）</td><td></td><td></td><td>11 000</td></tr>
<tr><td>秧苗费</td><td></td><td></td><td>58 000</td></tr>
<tr><td>机械费</td><td></td><td></td><td>25 000</td></tr>
<tr><td>人工</td><td></td><td></td><td>100 000</td></tr>
<tr><td>加工</td><td></td><td></td><td>72 000</td></tr>
<tr><td>营销费</td><td></td><td></td><td>80 000</td></tr>
<tr><td>基础设施投入</td><td></td><td></td><td>400 000</td></tr>
<tr><td>小计</td><td></td><td></td><td>74 600</td></tr>
<tr><td>6.总成本</td><td>亩成本（元）</td><td>11 921</td><td>总成本（元）</td><td>1 168 300</td></tr>
<tr><td rowspan="4">产值</td><td rowspan="3">单项产值</td><td>品种</td><td>数量（kg）</td><td>单价（元）</td><td>总价（元）</td></tr>
<tr><td>中华鳖</td><td>4 429</td><td>476</td><td>2 108 490</td></tr>
<tr><td>稻米</td><td>80 000</td><td>30</td><td>2 400 000</td></tr>
<tr><td>总产值</td><td>亩产值（元）</td><td>46 005</td><td>总产值（元）</td><td>4 508 490</td></tr>
<tr><td>利润</td><td></td><td>亩利润（元）</td><td>17 041</td><td>总利润（元）</td><td>3 340 190</td></tr>
</table>

备注：由于稻鳖养殖中华鳖的养殖周期为两年，两年后可起捕销售，所以效益分析按两年测算，所以年总利润为1 690 095元，年亩利润为8 520元。

（四）发展经验

稻鳖模式推广存在困难。一是稻农接受需要过程。稻农是种稻的专家，但对养鱼却是门外汉，缺乏水产品养殖技术、管理要点等技术知识，对稻鱼工程的认识度不够，接受率目前相对较低。二是稻鳖共生的管理不易跟上。传统水稻种植后只需灌溉、施药，无需专门搭建管理房，管理上相对简单；稻田套养中华鳖后，除要定期巡查做好水质调控外，还要做防逃防盗工作，需要有管理用房，专门有人管理。发展方向是注入工商资本形成产销一体的规模化、标准化、品牌化稻鳖产业。

三、案例三：海宁市稻鳖共生模式与技术

（一）基本信息

褚少民，海宁市奥力家庭农场负责人，场址位于海宁市周王庙镇云龙村。池塘养殖面积 102 亩、20 口，以土塘为主。该基地从 2010 年开始采用池塘稻鳖共生模式，经多年生产，总结形成了一套独特的种养模式。从 2015 年开始品牌经营，并与杭州大型农庄合作，挖掘生态种养品牌价值（图 4-67）。

图4-67 海宁市稻鳖共生实景图

（二）技术要点

通过对原有养殖塘进行改造，在池底垒土形成平台，以实现养殖中华鳖的同时种植水稻（常规稻）。利用生态共生机制，减少养殖污染和病害发生，降低养殖风险，提高农产品质量。

1. 池塘要求

池塘大小以 4 ~ 6 亩为宜，池塘四周用石棉瓦设置，进排水口设置防逃网。

为满足种稻需求，对池底进行改造，在池底一侧垒起平台，池塘最深1.8 m，池塘平台到池底高度1 m。池塘平台面积占池塘总面积一半左右。3月底至4月初用生石灰清塘（图4-68）。

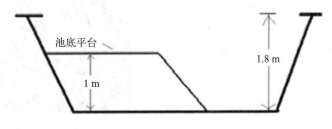

图4-68　池塘改造示意图

2. 水稻种植与苗种放养

（1）水稻种植。

①水稻品种选择。宜选择茎粗叶挺、分蘖能力强、耐湿抗病、抗倒伏的水稻品种。试点采用的水稻品种为"嘉58"。

②插秧时间一般在6月上旬。基地于2016年6月10日，采用机插秧。插秧间距为20 cm×30 cm，每穴3株，密度为1.5万株/亩。

③施肥。种稻前施足基肥，亩施有机肥1 000 kg/亩，并翻耕入土。6月底、7月初，水稻开始分蘖过程中，根据生长情况可追施复合肥，用量为10～20 kg/亩（图4-69）。

图4-69　人工插秧

（2）苗种放养。

①中华鳖放养。宜选用生长快、抗病力强的大规格中华鳖（日本品系）。鳖

种放养时间要在水稻插秧 10 d 后，池塘水温最好达到 24℃ 以上，放养密度为 300 只/亩。放养前对鳖类进行雌雄分选并消毒，有条件的可以按"雄大""雄小""雌大""雌小"四个种类、规格分养，利于鳖类摄食和增重，成鳖规格亦更匀称。基地放养时间为 2016 年 6 月 20 日。

②套养商品鱼。4 月中下旬亩放规格为半斤左右的大规格鱼种，亩放花鲢 25 尾、白鲢 50 尾（图 4-70）。

图4-70　幼鳖在稻田活动

3. 水位控制

池塘初始水位为 80 cm，此时池底平台露出水面，便于施用有机肥。种稻前期提升水位至高出平台 10 cm 左右。中华鳖放养后逐渐提升水位，至夏季高温季节，水位高出池底平台 50 cm 左右，池塘水位最深 1.5 m。

4. 饲料投喂

采用"定时、定点、定质、定量"原则。为便于鳖类集中摄食，在环沟内设置浮框，浮框由木板和泡沫板组成，大小为 1.5 m×2 m，每个环沟放置 3～4 个。投喂膨化饲料，每日投喂 1 次，日均投喂量约为鳖重的 1.5%。投喂量以 2 h 内食完为宜，具体根据当日气温及摄食情况而定。

5. 病害防治

通过稻鳖共生，有效改善水质，减少病害发生。养殖周期内仅在中华鳖放养初期和养殖中期用生石灰或漂白粉消毒即可。水稻全程不用农药，采用生态防病措施，每个塘内设置杀虫灯 1 台。

6. 收获

11 月上中旬收割水稻。水稻收割前提前降低池塘水位至池底平台完全露出水面，以诱导甲鱼爬入塘底，便于水稻采用机割，提高效率。水稻收割后可开始起捕中华鳖，如不起捕，则灌水淹没平台，让中华鳖在塘底自然过冬。至翌年 4

月初，中华鳖苏醒活动时，再降低水位使池底平台露出水面，对池塘平台进行翻耕和平整。通过冬季灌水淹没平台，可有效减少水稻病害，抑制杂草生长，促进稻秆腐烂分解及后续翻耕入土。

（三）经济效益分析（表4-20）

表4-20　稻鳖共作种养经济效益

			面积（亩）	单价（元/亩）	总价（元）
成本	1.池塘承包费		102	1 000	102 000
	2.苗种费	品种	数量（kg）	单价（元）	总价（元）
		中华鳖	13 862	20	554 480
		商品鱼	1 890	10	18 900
		稻谷	260	6元	1 560
		小计			574 940
	3.饲料费	类别	数量（kg）	单价（元）	总价（元）
		配合饲料	19 737	12	236 844
		小计			236 844
	4.渔药费	类别	数量	单价（元）	总价（元）
		消毒剂（箱）	4	400	1 600
		生石灰（t）	8	7 000	56 000
		小计			57 200
	5.其他	项目	数量	单价（元）	总价（元）
		肥料（kg）	52 000	0.42	21 840
		电费（度）	14 285	0.7	10 000
		人工（h）	400	120	48 000
		折旧			40 800
		小计			120 640
	6.总成本	亩成本（元）		总成本（元）	989 624
产值	单项产值	品种	数量（kg）	单价（元）	总价（元）
		中华鳖	25 602	70	1 792 140
		商品鱼	12 954	10	129 540
		水稻	26 724	8	213 792
	总产值	亩产值（元）	20 936	总产值（元）	2 135 472
利润		亩利润（元）	11 233.80	总利润（元）	1 145 848

（四）发展经验

池塘内稻鳖共生与稻田养鳖的生产场所不同，但都是节本增效的生态种养模式。通过对原有养鳖池塘简单改造，就能满足生产所需，且养殖技术要求低，利于广大养殖户学习和掌握。

在共生作用下，水稻和甲鱼都能够健康生长，减少了农药使用，显著提高了农产品质量，特别适合于品牌营销。同时，通过在池塘中种水稻，能有效改善水质，减少养殖污染，同时增加粮食产出，生态、社会效益也十分显著。

四、案例四：桐庐稻鳖共生案例

（一）基本信息

金建荣，桐庐县百江镇百江村。水产养殖面积 98.8 亩。2015 年在百江镇百江村建立了稻鳖共生基地 60 亩。桐庐昊琳水产养殖有限公司成立于 2011 年，桐庐昊琳水产养殖有限公司坐落在国家四 A 级风景区瑶琳仙境前方 150 m，地理位置独特，空气清晰，水源来自瑶琳镇桃源水库（属于国家一级饮用水保护区）。公司主要从事三年以上日本品系生态中华鳖养殖与销售（昊琳品牌鳖已经通过无公害产品和场地认证）。企业目前每年可以生产种蛋或者种苗 30 万左右，三年以上生态鳖 3 万只，普通温室鳖 20 万只左右；2014 年企业水产品约总产量 150 t，年产值 450 万元（图 4-71）。

图4-71　桐庐县稻鳖共生实景图（水稻成熟期）

（二）技术要点

稻鳖共生模式，能充分利用水体，能保肥增产、恢复地力，改变土壤结构，发挥水稻与鳖互利、互补的因素，同时减少肥料和饵料的投入，增加特色农业产业效益，提高农产品质量，提升农业生产的科技含量，是一种综合经营的新型模式。因此，引导养殖塘种植水稻是降本增效的好方法亟须施行，从而有效提高农民收益。

1. 养殖技术要点

（1）种养设施改造。首先，养鳖水稻田要选择不渗漏、保水性强，水源充足、水质好、进排水方便、光照条件好，并尽量能集中连片的低洼田畈，便于管理。其次，稻田一角建鱼坑，深 50 ~ 60 cm，四周用水泥砖砌成，并于鱼坑四周围绕铁皮，防止鳖逃逸。在田块四周及中间挖数量不等的宽 0.8 m、深 0.3 ~ 0.5 m 的鱼沟。鱼坑与鱼沟相通，鱼沟开成"田"字或"井"字形。同时须加宽田埂并夯实，防止田埂崩塌；田埂高出水稻田 0.3 ~ 0.5 m，确保可蓄水 0.3 m 以上。在进、排水口安装拦鱼栅，可用 60 ~ 80 目过滤网片拦截，以防止逃鳖（图 4-72）。

图4-72　稻田种养设施改造

（2）日常管理。①适度施肥。水稻种植前施足有机肥，经大田过滤注水 30 cm 左右，培育生物饵料使肥水有度、保持水质温定性；②合理投食。前期用配合饲料等投食，期间每隔半月添加一定量的微生物制剂等药物拌饵，遵循投饵时要注意"四定"和"四看"技术。"四定"：定时、定点、定质、定量。"四看"：看季节、看水质、看天气、看鳖吃食及活动情况。日投料量控制在 1% ~ 2%，以投在鱼坑为佳。③调控水质。养殖前期每隔 3 ~ 5 d 注水 1 次，中后期每周注水 1 次，每次 6 ~ 10 cm；同时，每隔 20 ~ 30 d 施用微生物制剂（如活水宝、EM 原露等），维护水体微生态平衡。④日常事项。坚持巡田，发现异常及时采取措施应对；检查养鱼坑、沟及进、出水口设施完好与否，以防鳖逃逸。

2. 养殖特点

（1）鳖放养：稻田放养的大规格鳖苗种为温室里培育，经过一个冬季的饲养，温室内的空气质量、水体理化因子各项指标都到达一定的浓度，鳖被迫适应室内环境，若不经过锻炼调整，鳖直接投放到水稻田里，当环境突变时就难以适应，主要表现为鳖摄食慢、反激反应大、内脏生理机能紊乱、机体免疫力下降，易诱发多种疾病，如腐皮病、疖疮病，穿孔病等。在放入水稻田之前，应对鳖进行强化锻炼，首先温室水温要慢慢降下来，每天降 1 ~ 2℃，一周左右降到和水稻田温度一致（温差不超过 2℃）。同时要对鳖加强营养，在饲料中拌入蛋黄、猪肝等动物性饵料，添加复合维生素、维生素 C、板蓝根、金银花等预防病害的药物，特别是维生素 C，在鳖放入水稻田时容易受伤，维生素 C 可以促进伤口愈合、预防伤口感染。鳖在放入水稻田时，应选择晴天的中午，抓鳖的时候要轻手轻脚，最大的限度减少鳖损伤。要挑选健康无外伤的鳖，在入田之前用高浓度的高锰酸钾溶液浸泡液鳖 10 min，然后让鳖的田边自行爬入水中。

（2）鳖过冬：入秋降温之后，田沟中蓄水，让鳖慢慢聚集到鱼坑、沟中，最后割枯黄的水稻杆覆盖在上面，用于保温，防止冻伤。

3. 养殖难点以及解决问题的措施方法

在水稻田中套养鳖要想取得高产高效，必须注意以下几个要点：

① 施足基肥、做好防逃滤网和台风暴雨前疏通出水口，保持低水位，低洼田块鱼坑上覆盖网片，是套养品种获得稳产的前提条件。

② 合理选择套养品种是获得稳产高产的基础。

③ 定期施用微生物制剂，营造良好生态环境和加强投饲是获得高产高效的关键。

④ 控制合理的放养密度和捕大留小、适时上市是节本增效的有效途径。

（三）经济效益分析

桐庐昊琳水产养殖有限公司 2015 年稻鳖共生模式 60 亩，取得了非常好的效益。2015 年 6 月 21 日放养平均规格 0.41 kg / 只的日本品系中华鳖 100 kg，种植"春优 84"水稻。10 月收割水稻，亩收割 730 kg、产值 3 036.8 元、利润 1 510 元；到 11 月对鳖抽样测产，平均规格达 0.61 kg / 只以上，鳖亩产 150 kg、产值 18 000 元、利润 5 932 元；合计亩产值达 21 036.8 元，总产值 126.22 万元，亩利润 7 442 元，总利润 44.65 万元（表 4-21）。

表 4-21 鳖稻共生种养和收获情况

种养面积：60亩

养殖品种	放养			收获		
	时间	规格	亩放	时间	规格	亩产
鳖	6 月	0.41 kg / 只	100 kg	11 月	0.61 kg / 只	150 kg
水稻	6 月	春优 84	株距 40 cm 行距 35 cm	10 月	/	730 kg

五、案例五：象山稻－鳖－虾综合养殖案例

（一）基本信息

张志恩，象山县西周镇伊家村。象山金恩家庭农场有限公司是一家集科研、种植、养殖、加工销售为一体的综合性农业企业。目前主要开展水稻、猕猴桃种植，畜禽养殖。公司现有水稻种植面积 360 亩。2014 年开始实施稻鳖虾共生种养试验，取得了较好的经济效益，生态效益明显（图 4-73）。

图 4-73 象山县稻鳖虾共生实景图

（二）技术要点

综合运用生态学、水稻栽培学和水产养殖学基本原理，以种间关系分析、种养容量评估、饵料生物补充及病虫害控制技术为研究主要内容，达到稻鳖种养区不施化肥、不施农药、不施除草剂，使得水稻和中华鳖种养全过程达到无公害生产要求。

1. 稻田的选择

宜选择地势低洼、水流通畅、排灌便利、水源充分且质量符合无公害养殖要求的田块开展稻田养殖，田块形状以长方形为宜。

2. 稻田整理改造

（1）挖掘养殖沟渠：为保证种植面积，养殖沟渠面积应控制在稻田总面积的10%以内，视情将稻田挖成"口"字形。养殖沟渠以上宽下窄的梯形结构为佳，沟深应大于0.8 m。

（2）修整田埂和田垄：田垄平整后，应高出沟底0.8 m以上；田埂修整后，应高出田垄0.4 m以上。为促进养殖沟渠内水循环，夯实埂堤和沟底，并将田垄和田埂四角抹成圆弧形。

3. 设施安装与调试

（1）防逃设施的布设：在田四周拉设2 m高的铁丝网，铁丝网基部铺设厚薄膜（入土10～20 cm），以防泥鳅逃逸和防盗。

（2）防虫设施的安装与调试：在田块中央空隙处安装一盏杀虫灯，既可吸引并杀灭部分害虫，亦可为中华鳖提供食源。

（3）防鸟设施的安装与调试：用尼龙绳在四周铁丝网上构筑一个立体化的防鸟体系，用14股的尼龙绳在铁丝网上布成0.5 m×0.5 m的网格。

4. 清田消毒

肥水当年5月下旬前，生石灰按20 kg/亩制成石灰乳水遍洒田块进行整体消毒。清田消毒一周后进水（水位应低于田垄20～25 cm），并施发酵的有机肥200～250 kg/亩肥水，繁殖天然饵料。肥料应符合NY/T 394-2013《绿色食品肥料使用准则》的规定。

5. 种植水稻

5月下旬，采取插秧机栽培方式完成当地抗病、抗虫、抗倒伏的优质稻种秧苗的播种工作（可以选择嘉禾优555、清溪1号、甬优12和甬优15等），水稻种植期内不施用农药和化肥。水稻生长期间，田面以上实际水位应保持在5～10 cm。适时加入新水，一般每半个月加水1次，夏天高温季度应适当加深水位。水稻种植区田间管理按常规，

6. 放养青虾和中华鳖

6月上旬开始，开始放养青虾和中华鳖，其中青虾的放养规格为体长5～6 cm，放养量为2 kg/亩，鳖种的放养规格为500 g/只，放养量应控制在30只/亩以内，放养前需消毒。养殖期间，每月追施经过发酵的有机肥50 kg/亩，并加入少量的过磷酸钙，透明度控制在15～20 cm，水温超过30℃时，需常换清水并提高水深；常巡田，检查田埂有无漏洞，及时修补进排水口、防逃设施并清除或驱除敌害生物，暴雨天气应及时降低水位，以防养殖生物逃逸。为提高中华鳖的生长速度和削减青虾的被捕食量，有条件的单位可定期在养殖沟渠各角落投放一定数量的螺蛳和冰鲜小杂鱼。为控制透明度，有条件的单位在养殖沟渠可放养少量的鳙鱼和鲢鱼，以调节水质（图4-74）。

图4-74　鳖苗放养

7. 收割水稻

10月下旬着手水稻收割工作。

8. 起捕青虾和中华鳖

水稻收割结束可开始逐步起捕青虾和中华鳖，至翌年4月初，彻底放干田水，捕捞养殖于田内的青虾和中华鳖。

9.翻耕晒田

次年4月中旬，利用机械或人工完成稻田翻耕工作，并经为期2个月的晒田，促进稻田地力的提升。

（三）经济效益分析（表4-22和表4-23）

表4-22 虾鳖放养和收获情况

种养面积：28亩

养殖品种	放养			收获		
	时间	规格	亩放	时间	规格	亩产
青虾	6月3日	5~6 cm	2 kg	11月		18 kg
中华鳖	7月14日	500 g	11只	11月		6.04 kg

表4-23 稻鳖共作种养经济效益

成本	1.池塘承包费		面积（亩）	单价（元/亩）	总价（元）
			28	800	22 400
	2.苗种费	品种	数量（kg）	单价（元）	总价（元）
		青虾	56	60	3 360
		中华鳖	152.65	60	9 159
		稻种	63	40	2 520
		小计			14 479
	3.劳务费	类别	数量	单价（元）	总价（元）
		人工劳务	84工	200	16 800
		小计			16 800
	4.基地建设	项目	数量	单价（元）	总价（元）
		挖机	28亩	121.4	3 400
		小计			3 400
	5.总成本	亩成本（元）	2 038.5	总成本（元）	57 639

产值	单项产值	品种	数量（kg）	单价（元）	总价（元）
		青虾	504	120	60 480
		中华鳖	169.13	120	20 295.6
		稻谷	12 096	12	145 152
	总产值	亩产值（元）	8 068.8	总产值（元）	225 927.6
利润		亩利润（元）	6 010.3	总利润（元）	168 288.6

六、案例六：绍兴市稻、鳖、虾共生模式

（一）农场简介

绍兴市袍江根生家庭农场，种植面积77亩。农场利用水旱动植物结合轮作，以种植水稻、蔬菜及养殖鳖、虾、蟹等水产为主营业。2014年被评定为浙江省示范性家庭农场和绍兴市十佳示范家庭农场。

（二）模式特点

农场利用原有多年种植蔬菜地块23亩，创建稻、鳖、虾共生试验示范点，以种植与养殖结合轮作，解决蔬菜地块严重的病虫害连作障碍。蔬菜地块充足的腐熟有机物肥力，能肥水，可孵化出大量鳖虾喜食的浮游生物和底栖动物；在蔬菜种过的地块上免耕直播水稻种子，直至稻谷收获，不用施加任何肥料，水稻能改善蔬菜地块土壤矿物质，微量元素的含量配比，让土壤更健康、更肥沃，同时根除了蔬菜地块深层土壤的病虫害；而鳖利用它锋利的爪子，爬来爬去，为水稻除草捉虫。

经统计，2018年23亩地收获满满。克氏原螯虾总产量460 kg，总产值11 960元；鳖总产量1 070 kg，总产值117 700元；稻谷总产量6 790 kg，总产值21 728元，亩年创总产值6 582，亩获利润2 348元。

整个稻鳖虾共生模式中，各品种合理、充分地发挥了自己的职能，渗吸了蔬菜地块多年的剩余养分，做到了优势互补，不仅提升了农产品品质，而且增产增效显著，这是一项发展现代生态循环农业、健康农业、促进生产力、保障人们的

米袋子和菜篮子的好事。

（三）养殖技术要点

在原蔬菜地块四周挖沟筑堤，夯实堤埂，选用 2 m 高不锈钢丝网围栏，距离地面 60 cm 加多功能膜覆围，每隔 2.5 m 加一个竖桩。

养殖阶段（表 4-24）：

表 4-24   各品种的收获时间、规格、数量等

养殖品种	放养			收获		
	时间	规格	亩放	时间	规格	亩产
克氏原螯虾	2017 年 3 月 8 日	2 g/尾	1 000	2017 年 4 月 26 日至 6 月 10 日	40 ~ 55 g/尾	20 kg
鳖	2017 年 6 月 29 日	300 ~ 400 g/只	100	2017 年 11 月 5 日	700 ~ 1 500 g/只	1 070 kg
单季水稻	2017 年 6 月 13 日	中嘉 8 号	3.5 kg	2017 年 10 月 26 日		492 kg

1—5 月：亩放小龙虾（学名：克氏原螯虾）2 kg，田块保持水位 30cm，蔬菜地腐熟有机物，孵化浮游生物，利用小龙虾吃食杂草蔬菜残枝。

5 月底 6 月初：小龙虾收获，中嘉 8 号优质品种单季水稻直播，浅水管理。

7 月上中旬：问世鳖放养每亩 100 只（规格为 300 ~ 400 g），注意鳖塘水质变化，及时换水早晚投喂少量甲鱼饲料。

8—10 月：稻孕穗抽穗、灌浆，鳖驱虫抑草，水稻虫害，安装诱捕性捕杀器，稻鳖共生期间每天按时少量投喂饲料，还可以喂新鲜小鱼小虾。

10—12 月：放水搁田，晚稻成熟收割，烘干进仓。鳖回沟坑，入土进入休眠期，沟坑要保持 40 ~ 50 cm 水位，必要时及时换水或加注新水。鳖可陆续上市，抓捕时人须穿连体塑料雨裤。

（四）养殖心得体会

蔬菜地块轮作养殖鳖、虾，水质如果过肥，不利于鳖、虾生长，所以要精养细管，勤换水，控制水位，保持水质"肥、嫩、爽"。

（五）效益分析（表4-25）

表4-25　养殖效益分析表

			面积（亩）	单价（元/亩）	总价（元）
成本	1.池塘承包费		23	700	16 100
	2.苗种费	品种	数量（kg）	单价（元）	总价（元）
		克氏原螯虾	40	12	480
		鳖	715	46	32 890
		单季水稻种	48	6	288
		小计			33 658
	3.饲料费	类型	数量（kg）	单价（元）	总价（元）
		配合饲料	1 700	4.4	7 480
		鲜杂鱼虾	4 000	4	16 000
		其他			
		小计			23 480
	4.新建设施投入费	养殖设施（围栏）	520 m	22	11 440
成本	5.其他	项目	数量	单价（元）	总价（元）
		打水费	23 亩	30	690
		人工费	60 工	200	12 000
		小计			12 690
	6.总成本	亩成本（元）	4 386.5	总成本（元）	97 368
	7.各品种产值	品种	捕获量（kg）	平均售价（元）	总价（元）
		克氏原螯虾	460	26	11 960
		鳖	1 070	110	117 700
		稻	492	3.2	21 728
	8.总产值	亩均产值（元）	6 582	总产值（元）	151 388
效益		亩均利润（元）	2 348	总利润（元）	54 020

第六节　效益分析

一、经济效益

稻鳖综合种养成效显著。通过对几个稻鳖示范点的测产测收，可以看出比单一种植水稻产量增加 5% ~ 18%，且亩产平均在 500 kg 以上，促进了粮食生产，极大地调动了农民的积极性；稻渔共生互促，可以减少化肥农药使用，每亩可节约 100 元左右化肥钱；稻鳖模式下的稻米和水产品品质优良，较普通稻米和水产品价格高，每亩增加效益最低 1 737.5 元，最高 6 030 元。"一水两用、一田双收"大大提高了单位面积土地生产力，大大提高了稻田的经济产出，优质优价、品质增收，农民实际收入显著增加。

二、生态效益

稻鳖共生是以水田为基础，以水稻和鳖的优质安全生产为核心，充分发挥鳖稻共生的除草、除虫、驱虫、肥田等的优势，实现有机、无公害的优质农产品生产。充分挖掘生物共生互促原理，可有效减少化肥和农药使用，减少农村面源污染，促进生态改善。水稻的品质和质量也得到了大幅度提高和改进，消费者对相应的农产品的信任和消费购买需求稳步上升。水稻和水生生物的相互作用和生态过程的优化，互补利用资源，使得水稻生产系统变得更加干净，风险和压力得到不断缓解，环保主义者对农业生产的担心和担忧不断减少，农业生产过程中能量消耗，也因降低农用化学品的使用大大减少。由于农业生态系统中多种生物组分的保留，稻田生态系统的温室气体排放量也有较大幅度地减少。具有明显的生态效应，对环境的可持续发展有重要意义，符合美丽中国和现代农业建设需求。

三、社会效益

随着消费者需求的转型和国内形势的变化，稻鳖生态种养不仅能使农业增产，更能让农民增收，既增粮又增鳖，而且可使稻田少施肥，少农药，节约劳力，增收节支，同时也是扶贫的有效手段，带动大批农民脱贫致富，促进产业扶贫，对稳定粮食生产、改善人们食物结构、都有着积极作用。

附录一

无公害食品 渔用药物使用准则

（摘自中华人民共和国农业行业标准 NY 5071-2002）

1 范围

本标准规定了渔用药物使用的基本原则、渔用药物的使用方法以及禁用渔药。本标准适用于水产增养殖中的健康管理及病害控制过程中的渔药使用。

2 规范性引用文件

下列文件中的条款通过本标准的引用而成为标准的条款。凡是注日期的引用文件，其随后所有的修改单（不包括勘误的内容）或修订版均不适用于本标准，然而，鼓励根据本标准达成协议的各方研究是否可使用这些最新版本。凡是不注日期的引用文件，其最新版本适用于本标准。

NY 5070 无公害食品 水产品中渔药残留限量

NY 5072 无公害食品 渔用配合饲料安全限量

3 术语和定义

下列术语和定义适用于本标准。

3.1 渔用药物 fishery drugs

用以预防、控制和治疗水产动植物的病、虫、害，促进养殖品种健康生长，增强机体抗病能力以及改善养殖水体质量的一切物质，简称"渔药"。

3.2 生物源渔药 biogenic fishery medicines

直接利用生物活体或生物代谢过程中产生的具有生物活性的物质或从生物体提取的物质作为防治水产动物病害的渔药。

3.3 渔用生物制品 fishery biopreparate

应用天然或人工改造的微生物、寄生虫、生物毒素或生物组织及其代谢产物为原材料，采用生物学、分子生物学或生物化学等相关技术制成的、用于预防、

诊断和治疗水产动物传染病和其他有关疾病的生物制剂。它的效价或安全性应采用生物学方法检定并有严格的可靠性。

3.4 休药期 withdrawal time

最后停止给药日至水产品作为食品上市出售的最短时间。

4 渔用药物使用基本原则

4.1 渔用药物的使用应以不危害人类健康和不破坏水域生态环境为基本原则。

4.2 水生动植物增养殖过程中对病虫害的防治,坚持"以防为主,防治结合"。

4.3 渔药的使用应严格遵循国家和有关部门的有关规定,严禁生产、销售和使用未经取得生产许可证、批准文号与没有生产执行标准的渔药。

4.4 积极鼓励研制、生产和使用"三效"(高效、速效、长效)、"三小"(毒性小、副作用小、用量小)的渔药,提倡使用水产专用渔药、生物源渔药和渔用生物制品。

4.5 病害发生时应对症用药,防止滥用渔药与盲目增大用药量或增加用药次数、延长用药时间。

4.6 食用鱼上市前,应有相应的休药期。休药期的长短,应确保上市水产品的药物残留限量符合 NY 5070 要求。

4.7 水产饲料中药物的添加应符合 NY 5072 要求,不得选用国家规定禁止使用的药物或添加剂,也不得在饲料中长期添加抗菌药物。

5 渔用药物使用方法

各类渔用药使用方法见表 1。

表1 渔用药物使用方法

渔药名称	用途	用法与用量	休药期/d	注意事项
氧化钙（生石灰）calcii oxydum	用于改善池塘环境，清除敌害生物及预防部分细菌性鱼病	带水清塘：200～250 mg/L（虾类：350～400 mg/L）全池泼洒：20 mg/L（虾类：15～30 mg/L）		不能与漂白粉、有机氯、重金属盐、有机络合物混用
漂白粉 bleaching powder	用于清塘、改善池塘环境及防治细菌性皮肤病、烂鳃病出血病	带水清塘：20 mg/L 全池泼洒：1.0～1.5 mg/L	≥5	1. 勿用金属容器盛装。2. 勿与酸、铵盐、生石灰混用
二氯异氰尿酸钠 sodium dichloroisocy-anurate	用于清塘及防治细菌性皮肤溃疡病、烂鳃病、出血病	全池泼洒：0.3～0.6 mg/L	≥10	勿用金属容器盛装
三氯异氰尿酸 trichlorosisocy-anuric acid	用于清塘及防治细菌性皮肤溃疡病、烂鳃病、出血病	全池泼洒：0.2～0.5 mg/L	≥10	1. 勿用金属容器盛装。2. 针对不同的鱼类和水体的pH，使用量应适当增减
二氧化氯 chlorine dioxide	用于防治细菌性皮肤病、烂鳃病、出血病	浸浴：20～40 mg/L，5～10 min 全池泼洒：0.1～0.2 mg/L，严重时0.3～0.6 mg/L	≥10	1. 勿用金属容器盛装。2. 勿与其他消毒剂混用
二溴海因	用于防治细菌性和病毒性疾病	全池泼洒：0.2～0.3 mg/L		
氯化钠（食盐）sodium choiride	用于防治细菌、真菌或寄生虫疾病	浸浴：1%～3%，5～20 min		
硫酸铜（蓝矾、胆矾、石胆）copper sulfate	用于治疗纤毛虫、鞭毛虫等寄生性原虫病	浸浴：8 mg/L（海水鱼类：8～10 mg/L），15～30 min 全池泼洒：0.5～0.7 mg/L（海水鱼类：0.7～1.0 mg/L）		1. 常与硫酸亚铁合用。2. 广东鲂慎用。3. 勿用金属容器盛装。4. 使用后注意池塘增氧。5. 不宜用于治疗小瓜虫病

渔药名称	用途	用法与用量	休药期/d	注意事项
硫酸亚铁（硫酸低铁、绿矾、青矾）ferrous sulphate	用于治疗纤毛虫、鞭毛虫等寄生性原虫病	全池泼洒：0.2 mg/L（与硫酸铜合用）		1. 治疗寄生性原虫病时需与硫酸铜合用。2. 乌鳢慎用
高锰酸钾（锰酸钾、灰锰氧、锰强灰）potassium permanganate	用于杀灭锚头鳋	浸浴：10 ~ 20 mg/L，15 ~ 30 min 全池泼洒：4 ~ 7 mg/L		1. 水中有机物含量高时药效降低。2. 不宜在强烈阳光下使用
四烷基季铵盐络合碘（季铵盐含量为50%）	对病毒、细菌、纤毛虫、藻类有杀灭作用	全池泼洒：0.3 mg/L（虾类相同）		1. 勿与碱性物质同时使用。2. 勿与阴性离子表面活性剂混用。3. 使用后注意池塘增氧。4. 勿用金属容器盛装
大蒜 crow's treacle，garlic	用于防治细菌性肠炎	拌饵投喂：10 ~ 30 g/kg体重，连用4 ~ 6 d（海水鱼类相同）		
大蒜素粉（含大蒜素10%）	用于防治细菌性肠炎	0.2 g/kg体重，连用4 ~ 6 d（海水鱼类相同）		
大黄 medicinal rhubarb	用于防治细菌性肠炎、烂鳃	全池泼洒：2.5 ~ 4.0 mg/L（海水鱼类相同）拌饵投喂：5 ~ 10 g/kg体重，连用4 ~ 6 d（海水鱼类相同）		投喂时常与黄芩、黄柏合用（三者比例为5：2：3）
黄芩 raikai skullcap	用于防治细菌性肠炎、烂鳃、赤皮、出血病	拌饵投喂：2 ~ 4 g/kg体重，连用4 ~ 6 d（海水鱼类相同）		投喂时常与大黄、黄柏合用（三者比例为2：5：3）
黄柏 amur corktree	用防防治细菌性肠炎、出血	拌饵投喂：3 ~ 6 g/kg体重，连用4 ~ 6 d（海水鱼类相同）		投喂时常与大黄、黄芩合用（三者比例为3：5：2）
五倍子 Chinese sumac	用于防治细菌性烂鳃、赤皮、白皮、疖疮	全池泼洒：2 ~ 4 mg/L（海水鱼类相同）		

续表

渔药名称	用途	用法与用量	休药期 /d	注意事项
穿心莲 common andrographis	用于防治细菌性肠炎、烂鳃、赤皮	全池泼洒：15 ~ 20 mg/L 拌饵投喂：10 ~ 20 g/kg 体重，连用 4 ~ 6 d		
苦参 lightyellow sophora	用于防治细菌性肠炎、竖鳞	全池泼洒：1.0 ~ 1.5 mg/L 拌饵投喂：1 ~ 2 g/kg 体重，连用 4 ~ 6 d		
土霉素 oxytetracycline	用于治疗肠炎病、弧菌病	拌饵投喂：50 ~ 80 mg/kg 体重，连用 4 ~ 6 d（海水鱼类相同，虾类：50 ~ 80 mg/kg 体重，连用 5 ~ 10d）	≥ 30 （鳗鲡） ≥ 21 （鲶鱼）	勿与铝、镁离子及卤素、碳酸氢钠、凝胶合用
噁喹酸 oxolinic acid	用于治疗细菌肠炎病、赤鳍病、香鱼、对虾弧菌病、鲈鱼结节病、鲕鱼疖疮病	拌饵投喂：10 ~ 30 mg/kg 体重，连用 5 ~ 7 d（海水鱼类 1 ~ 20 mg/kg 体重；对虾：6 ~ 60 mg/kg 体重，连用 5 d）	≥ 25 （鳗鲡） ≥ 21（鲤鱼、香鱼） ≥ 16（其他鱼类）	用药量视不同的疾病有所增减
磺胺嘧啶（磺胺哒嗪） sulfadiazine	用于治疗鲤科鱼类的赤皮病、肠炎病、海水鱼链球菌病	拌饵投喂：100 mg/kg 体重连用 5 d（海水鱼类相同）		1. 与甲氧苄氨嘧啶（TMP）同用，可产生增效作用。 2. 第一天药量加倍
磺胺甲噁唑（新诺明、新明磺） sulfamethoxazole	用于治疗鲤科鱼类的肠炎病	拌饵投喂：100 m/kg 体重，连用 5 ~ 7 d		1. 不能与酸性药物同用。 2. 与甲氧苄氨嘧啶（TMP）同用，可产生增效作用。 3. 第一天药量加倍
磺胺间甲氧嘧啶（制菌磺、磺胺 -6- 甲氧嘧啶） sulfamonome-thoxine	用鲤科鱼类的竖鳞病、赤皮病及弧菌病	拌饵投喂：50 ~ 100 mg/kg 体重，连用 4 ~ 6 d	≥ 37 （鳗鲡）	1. 与甲氧苄氨嘧啶（TMP）同用，可产生增效作用。 2. 第一天药量加倍
氟苯尼考 florfenicol	用于治疗鳗鲡爱德华氏病、赤鳍病	拌饵投喂：10.0 mg/kg 体重，连用 4 ~ 6 d	≥ 7 （鳗鲡）	

渔药名称	用途	用法与用量	休药期/d	注意事项
聚维酮碘（聚乙烯吡咯烷酮碘、皮维碘、PVP-1、伏碘）（有效碘 1.0%）povidone-iodine	用于防治细菌烂鳃病、弧菌病、鳗鲡红头病。并可用于预防病毒病：如草鱼出血病、传染性胰腺坏死病、传染性造血组织坏死病、病毒性出血败血症	全池泼洒:海、淡水幼鱼、幼虾：0.2 ～ 0.5 mg/L 海、淡水成鱼、成虾：1 ～ 2 mg/L 鳗鲡：2 ～ 4 mg/L 浸浴：草鱼种：30 mg/L，15 ～ 20 min 鱼卵：30 ～ 50 mg/L（海水鱼卵25 ～ 30 mg/L），5 ～ 15 min		1.勿与金属物品接触。2.勿与季铵盐类消毒剂直接混合使用

注 1：用法与用量栏未标明海水鱼类与虾类的均适用于淡水鱼类。
注 2：休药期为强制性。

6 禁用渔药

严禁使用高毒、高残留或具有三致毒性（致癌、致畸致突变）的渔药。严禁使用对水域环境有严重破坏而又难以修复的渔药，严禁直接向养殖水域泼洒抗菌素，严禁将新近开发的人用新药作为渔药的主要或次要成分。禁用渔药见表 2。

表 2　禁用渔药

药物名称	化学名称（组成）	别名
地虫硫磷 fonofos	O-2 基 -S 苯基二硫代磷酸乙酯	大风雷
六六六 BHC（HCH）Benzem, bexachloridge	1，2，3，4，5，6- 六氯环乙烷	
林丹 lindane, agammaxare, gamma-BHC gamma-HCH	γ-1，2，3，4，5，6- 六氯环乙烷	丙体六六六
毒杀芬 camphechlor（ISO）	八氯莰烯	氯化莰烯

续表

药物名称	化学名称（组成）	别名
滴滴涕 DDT	2，2-双（对氯苯基）-1，1，1-三氯乙烷	
甘汞 calomel	二氯化汞	
硝酸亚汞 mercurous nitrate	硝酸亚汞	
醋酸汞 mercuric acetate	醋酸汞	
呋喃丹 carbofuran	2，3-氢 -2，二甲基 -7- 苯并呋喃 - 甲基氨基甲酸酯	克百威、大扶农
杀虫脒 chlordimeform	N-（2- 甲基 -4- 氯苯基）N'，N'- 二甲基甲脒盐酸盐	克死螨
双甲脒 anitraz	1，5- 双 -（2，4- 二甲苯基）-3- 甲基 1，3，5- 三氮戊二烯 -1，4	二甲苯胺脒
氟氯氰菊酯 cynthrin	α - 氰基 -3- 苯氧基（1R，3R）-3-（2，2- 二氯乙烯基）-2，2- 甲基环丙烷羧酸脂	百树菊酯、百树得
氟氯戊菊酯 flucythrinate	（R,S）- α - 氰基 -3- 苯氧苄基 -（R,S）-2-（4- 二氟甲氧基）-3- 甲基丁酸酯	保好江乌 氟氰菊酯
五氯酚钠 PCP–Na	五氯酚钠	
孔雀石绿 malachite green	C23H25CIN2	碱性绿、盐基块绿、孔雀绿
锥虫肿胺 tryparsamide		
酒石酸锑钾 anitmonyl potassium tartrate	酒石酸锑钾	
磺胺噻唑 sulfathiazolum ST，norsultazo	2-（对氨基苯碘酰胺）- 噻唑	消治龙
磺胺脒 sulfaguanidine	N1- 脒基磺胺	磺胺胍
呋喃西林 furacillinum，nitrofurazone	5- 硝基呋喃醛缩氨基脲	呋喃新
呋喃唑酮 furazolidonum，nifulidone	3-（5- 硝基糠叉胺基）-2- 噁唑烷酮	痢特灵

药物名称	化学名称（组成）	别名
呋喃那斯 furanace，nifurpirinol	6-羟甲基-2-[-5-硝基-2-呋喃基乙烯基]吡啶	P-7138 （实验名）
氯霉素 （包括其盐、酯及制剂） chloramphennicol	由委内瑞拉链霉素生产或合成法制成	
红霉素 erythromycin	属微生物合成，是Streptomyces eyythreus生产的抗生素	
杆菌肽锌 zinc bacitracin premin	由枯草杆菌Bacillus subtilis或B.leicheniformis所产生的抗生素，为一含有噻唑环的多肽化合物	枯草菌肽
泰乐菌素 tylosin	S.fradiae所产生的抗生素	
环丙沙星 ciprofloxacin（CIPRO）	为合成的第三代喹诺酮类抗菌药，常用盐酸盐水合物	环丙氟哌酸
阿伏帕星 avoparcin		阿伏霉素
喹乙醇 olaquindox	喹乙醇	喹酰胺醇羟乙喹氧
速达肥 fenbendazole	5-苯硫基-2-苯并咪唑	苯硫哒唑氨甲基甲酯
己烯雌酚 （包括雌二醇等其他类似合成等雌性激素） diethylstilbestrol，stilbestrol	人工合成的非自甾体雌激素	乙烯雌酚，人造求偶素
甲基睾丸酮 （包括丙酸睾丸素、去氢甲睾酮以及同化物等雄性激素） methyltestosterone，metandren	睾丸素C17的甲基衍生物	甲睾酮甲基睾酮

附录二

无公害食品　淡水养殖用水水质标准

序 号	项 目	标 准 值
1	色、臭、味	不得使养殖水体有异色、异臭、异味
2	总大肠菌群售量（个 /L）	≦ 5 000
3	汞含量（mg/L）	≦ 0.000 5
4	隔含量（mg/L）	≦ 0.005
5	铅含量（mg/L）	≦ 0.05
6	铬含量（mg/L）	≦ 0.1
7	铜含量（mg/L）	≦ 0.01
8	锌含量（mg/L）	≦ 0.1
9	砷含量（mg/L）	≦ 0.05
10	氟化物含量（mg/L）	≦ 1
11	汞石油类含量（mg/L）	≦ 0.05
12	挥发性酚含量（mg/L）	≦ 0.005
13	甲基对硫磷含量（mg/L）	≦ 0.000 5
14	马拉硫磷含量（mg/L）	≦ 0.005
15	乐果含量（mg/L）	≦ 0.1
16	六六六（丙体）含量（mg/L）	≦ 0.002
17	滴滴涕（DDT）含量（mg/L）	≦ 0.001

附录三

水产养殖质量安全管理规定

中华人民共和国农业部令 2003 第 31 号（于 2003 年 7 月 14 日经农业部第 18 次常务会议审议通过，自 2003 年 9 月 1 日起施行）

第一章　总则

第一条　为提高养殖水产品质量安全水平，保护渔业生态环境，促进水产养殖业的健康发展，根据《中华人民共和国渔业法》等法律、行政法规，制定本规定。

第二条　在中华人民共和国境内从事水产养殖的单位和个人，应当遵守本规定。

第三条　农业部主管全国水产养殖质量安全管理工作。

县级以上地方各级人民政府渔业行政主管部门主管本行政区域内水产养殖质量安全管理工作。

第四条　国家鼓励水产养殖单位和个人发展健康养殖，减少水产养殖病害发生；控制养殖用药，保证养殖水产品质量安全；推广生态养殖，保护养殖环境。

国家鼓励水产养殖单位和个人依照有关规定申请无公害农产品认证。

第二章　养殖用水

水产养殖用水应当符合农业部《无公害食品海水养殖用水水质》（NY 5052–2001）或《无公害食品淡水养殖用水水质》（NY 5051–2001）等标准，禁止将不符合水质标准的水源用于水产养殖。

第六条　水产养殖单位和个人应当定期监测养殖用水水质。

养殖用水水源受到污染时，应当立即停止使用；确需使用的，应当经过净化处理达到养殖用水水质标准。

养殖水体水质不符合养殖用水水质标准时，应当立即采取措施进行处理。经处理后仍达不到要求的，应当停止养殖活动，并向当地渔业行政主管部门报告，其养殖水产品按本规定第十三条处理。

第七条　养殖场或池塘的进排水系统应当分开。水产养殖废水排放应当达到国家规定的排放标准。

第三章　养殖生产

县级以上地方各级人民政府渔业行政主管部门应当根据水产养殖规划要求，合理确定用于水产养殖的水域和滩涂，同时根据水域滩涂环境状况划分养殖功能区，合理安排养殖生产布局，科学确定养殖规模、养殖方式。

第九条　使用水域、滩涂从事水产养殖的单位和个人应当按有关规定申领养殖证，并按核准的区域、规模从事养殖生产。

第十条　水产养殖生产应当符合国家有关养殖技术规范操作要求。水产养殖单位和个人应当配置与养殖水体和生产能力相适应的水处理设施和相应的水质、水生生物检测等基础性仪器设备。

水产养殖使用的苗种应当符合国家或地方质量标准。

第十一条　水产养殖专业技术人员应当逐步按国家有关就业准入要求，经过职业技能培训并获得职业资格证书后，方能上岗。

第十二条　水产养殖单位和个人应当填写《水产养殖生产记录》（格式见附件1），记载养殖种类、苗种来源及生长情况、饲料来源及投喂情况、水质变化等内容。《水产养殖生产记录》应当保存至该批水产品全部销售后2年以上。

第十三条　销售的养殖水产品应当符合国家或地方的有关标准。不符合标准的产品应当进行净化处理，净化处理后仍不符合标准的产品禁止销售。

第十四条　水产养殖单位销售自养水产品应当附具《产品标签》（格式见附件2），注明单位名称、地址，产品种类、规格，出池日期等。

第四章　渔用饲料和水产养殖用药

第十五条　使用渔用饲料应当符合《饲料和饲料添加剂管理条例》和农业部《无公害食品渔用饲料安全限量》（NY 5072-2002）。鼓励使用配合饲料。限制直接投喂冰鲜（冻）饵料，防止残饵污染水质。

禁止使用无产品质量标准、无质量检验合格证、无生产许可证和产品批准文号的饲料、饲料添加剂。禁止使用变质和过期饲料。

第十六条　使用水产养殖用药应当符合《兽药管理条例》和农业部《无公害食品渔药使用准则》（NY 5071-2002）。使用药物的养殖水产品在休药期内不得用于人类食品消费。

禁止使用假、劣兽药及农业部规定禁止使用的药品、其他化合物和生物制剂。原料药不得直接用于水产养殖。

第十七条　水产养殖单位和个人应当按照水产养殖用药使用说明书的要求或在水生生物病害防治员的指导下科学用药。

水生生物病害防治员应当按照有关就业准入的要求，经过职业技能培训并获得职业资格证书后，方能上岗。

第十八条　水产养殖单位和个人应当填写《水产养殖用药记录》（格式见附件3），记载病害发生情况，主要症状，用药名称、时间、用量等内容。《水产养殖用药记录》应当保存至该批水产品全部销售后2年以上。

第十九条　各级渔业行政主管部门和技术推广机构应当加强水产养殖用药安全使用的宣传、培训和技术指导工作。

第二十条　农业部负责制定全国养殖水产品药物残留监控计划，并组织实施。

县级以上地方各级人民政府渔业行政主管部门负责本行政区域内养殖水产品药物残留的监控工作。

第二十一条　水产养殖单位和个人应当接受县级以上人民政府渔业行政主管部门组织的养殖水产品药物残留抽样检测。

第五章　附　则

第二十二条　本规定用语定义：

健康养殖　指通过采用投放无疫病苗种、投喂全价饲料及人为控制养殖环境条件等技术措施，使养殖生物保持最适宜生长和发育的状态，实现减少养殖病害发生、提高产品质量的一种养殖方式。

生态养殖　指根据不同养殖生物间的共生互补原理，利用自然界物质循环系统，在一定的养殖空间和区域内，通过相应的技术和管理措施，使不同生物在同一环境中共同生长，实现保持生态平衡、提高养殖效益的一种养殖方式。

第二十三条　违反本规定的，依照《中华人民共和国渔业法》、《兽药管理条例》和《饲料和饲料添加剂管理条例》等法律法规进行处罚。

第二十四条　本规定由农业部负责解释。

第二十五条　本规定自2003年9月1日起施行。

参考文献

蔡炳祥,吴伟,李建应,等.稻鳖共生种养结合模式的技术要点.浙江农业科学,2014 年 07 期 P126.

邓成方."稻鳖共生"种养结合技术.中国水产,2015 年第 01 期 P102.

何中央.实用养鳖新技术.杭州:浙江科学技术出版社,2000.

何中央.中华鳖高效养殖模式攻略.北京:中国农业出版社,2015.

胡亚洲,王晓清.稻鳖种养技术.科学养鱼,2013 年 10 期 P96.

蒋春琴,程霄玲,梅新贵.稻鳖共生生态种养模式试验.科学养鱼,2016 年 04 期 P54.

蒋亚林.甲鱼健康养殖新技术.北京:金盾出版社,2014.

蒋业林,侯冠军,王永杰,等.稻田养鳖生态系统构建与种养殖技术研究.安徽农学通报, 2015(20):94-95.

李家乐.池塘养鱼学.北京:中国农业出版社,2011.

李建田,董崇豪.人工快速养鳖.北京:中国农业出版社,1997.

刘才高,周爱珠,徐刚勇.稻鳖共生效益试验.安徽农业科学,2015 年 03 期 P70.

上海水产大学编.鱼病学.北京:中国农业出版社,1994.

谈灵珍,邹春晖.稻鳖共生生态种养技术.科学养鱼,2014 年 11 期 P157.

王武.工厂化健康养鳖技术.北京:金盾出版社,2004.

王育锋.龟鳖高效养殖与疾病防治技术.北京:化学工业出版社,2014.

占家智.龟鳖高效养殖技术.北京:化学工业出版社,2012.

张静,蒋益林.稻鳖鱼共生系统种养技术研究与效益分析.安徽农学通报,2016 年 11 期 P26.

周爱珠,刘才高,徐刚勇,等.稻、鳖共生高效生态种养模式探讨.中国稻米,2014 年 05 期 P179.

周江伟,黄磺,刘贵斌,等.免耕稻鳖鱼螺生态种养模式发展前景探讨.作物研究,2016(6): 661-665.

周艳萍,孙露,陈睿,等.稻鳖共生种养模式探讨.科学养鱼,2016 年 07 期 P50.

朱泽闻,李可心,王浩.我国稻渔综合种养的内涵特征、发展现状及政策建议.2016.

邹叶茂,郭忠成,周巍然.稻田生态养鳖技术.北京:化学工业出版社,2015.